山东省高等教育名校建设工程课程改革教材

# 水利工程施工
# 学习指导与技能训练

尹红莲　刘祥柱　夏金泉　等编著

黄河水利出版社
·郑州·

## 内 容 提 要

本书为中央财政支持提升社会服务能力重点建设专业和山东省高等教育名校建设工程重点建设专业——水利工程专业与水利水电工程管理专业课程改革教材之一，是本着高职教育的特色，依据中央财政支持专业建设方案和山东省特色名校建设方案进行编写的。全书共分 13 个单元，其中前 11 个单元为各单元学习指导和习题，包括土方工程、砌筑工程、钢筋混凝土工程、爆破工程、基础工程、施工导流与截流、碾压式土石坝施工、混凝土坝施工、地下建筑工程施工、水闸施工、施工组织设计，第十二单元为技能训练，第十三单元为综合测试题。

本书为高职高专水利工程、水利水电建筑工程、灌溉与排水工程、水利水电工程管理等专业培养学生水利工程施工技能与能力的教材，也可供相近专业学生和工程技术人员学习参考。

**图书在版编目(CIP)数据**

水利工程施工学习指导与技能训练/尹红莲，刘祥柱，夏金泉等编著. —郑州：黄河水利出版社，2014. 7
山东省高等教育名校建设工程课程改革教材
ISBN 978 - 7 - 5509 - 0843 - 7

Ⅰ. ①水… Ⅱ. ①尹… ②刘… ③夏… Ⅲ. ①水利工程 - 工程施工 - 高等学校 - 教材 Ⅳ. ①TV5

中国版本图书馆 CIP 数据核字(2014)第 169469 号

组稿编辑：王路平 电话：0371 - 66022212 E-mail：hhslwlp@163. com

出 版 社：黄河水利出版社
地址：河南省郑州市顺河路黄委会综合楼 14 层 邮政编码：450003
发行单位：黄河水利出版社
发行部电话：0371 - 66026940、66020550、66028024、66022620(传真)
E-mail：hhslcbs@126. com
承印单位：河南地质彩色印刷厂
开本：787 mm × 1 092 mm 1/16
印张：6. 25
字数：140 千字 印数：1—2 000
版次：2014 年 7 月第 1 版 印次：2014 年 7 月第 1 次印刷

定价：15. 00 元

# 前 言

本书是依据中央财政支持提升社会服务能力重点建设专业和山东省高等教育名校建设工程重点建设专业——水利工程专业和水利水电工程管理专业的人才培养方案和课程建设目标要求,并按照有关水利工程施工的新规范、新法规、新标准,在教育部高等学校高职高专水利水电工程专业教学指导委员会指导下编写完成的。在吸收有关教材和技术文献资料精华的基础上,充实了新思想、新理论、新方法和新技术,另外不过分苛求学科的系统性和完整性,强调理论联系实际,突出应用性。

水利工程施工课程是高职高专水利工程类专业的一门实践性很强的专业技术课,对培养学生的实践能力、创新能力有着重要的作用。但是目前此类书籍很少,显然与高职高专教育的培养目标不相适应。为此我们根据高职高专水利工程施工课程教学特点、培养目标,结合多年的教学经验和教学资料编写了《水利工程施工学习指导与技能训练》。

全书共分 13 个单元,其中前 11 个单元为各单元学习指导和习题,包括土方工程、砌筑工程、钢筋混凝土工程、爆破工程、基础工程、施工导流与截流、碾压式土石坝施工、混凝土坝施工、地下建筑工程施工、水闸施工、施工组织设计,第十二单元为技能训练,第十三单元为综合测试题。各单元学习指导包括学习要求、学习重点、单元小结,习题包括名词解释、单项选择题、多项选择题、填空题、简答题、论述题、计算题,在书后附有部分题型的参考答案。技能训练包括课堂实训、施工实习、施工组织综合实训三部分,力求突出新规范、新工艺、新技术的应用。

本书由山东水利职业学院承担编写工作,由尹红莲、刘祥柱、夏金泉等编著,尹红莲负责全书统一规划和统稿。编写人员和编写分工如下:尹红莲编写第一单元,第三单元,第十一单元,第十三单元综合测试题一、综合测试题二、综合测试题三;山东水利工程总公司夏金泉高级工程师编写第二单元;刘宁编写第四单元,第五单元,第十三单元综合测试题六;刘祥柱编写第六至第十单元,第十二单元,第十三单元综合测试题四、综合测试题五。

本书的出版得到了山东水利职业学院水利系、教务处的大力支持,在此一并表示感谢!

由于作者水平有限,编写时间仓促,书中错误和疏漏在所难免,敬请广大读者给予批评指正。

**编著者**

2014 年 6 月

# 目 录

# 第一单元 土方工程

## 一、学习指导

### (一)学习要求

1. 了解土的分级,土方开挖、运输、压实机械的性能及使用。
2. 理解土料压实机理,土料压实标准、压实参数的选择。
3. 掌握土的工程特性以及对施工的影响,现场压实试验的步骤和方法,土方工程施工中挖运和填筑压实的施工方法。

### (二)学习重点

1. 土方挖运方案选择。
2. 压实质量标准,压实参数的选取。

### (三)单元小结

根据施工的难易程度,可将土分为Ⅰ~Ⅳ级,土的级别不同,所消耗的劳动和机械数量也不同;土的工程特性有含水量、密度、可松性和自然倾角,分别对施工有影响。

土的施工过程有开挖、运输和压实,施工方法有人工和机械。在挖掘机械中讲述了单斗挖掘机、铲运机械以及水力开挖机械。水利水电工程施工中单斗挖掘机以正向铲和拉铲使用较多,铲运机械中以拖式铲运机和推土机使用较多。应掌握这些常用机械的施工方法和应用。

在运输机械中讲述了无轨运输、有轨运输、带式运输和索道运输等四种运输方法,最常用、最方便的运输机械首推自卸汽车。自卸汽车的车箱容量应和装车机械斗容量相匹配。汽车运输和装车机械的匹配选择以及施工道路布置是本单元的难点及重点。有轨运输受机车爬坡能力和卸料方式的限制,多用于工程数量大、地形条件允许的情况,并且应和无轨运输比较之后才可决定。皮带式运输机在大中型工程中多使用在局部工程中或辅助企业的短距离运输,例如砂砾场、碎石厂等。

在土料压实中,对土料压实原理作了扼要介绍,对土料压实的施工程序和方法作了比较详细的讲述;对常用的几种压实机械(如羊足碾、气胎碾、振动碾等)的构造与适用条件、选择方法也作了具体介绍。

## 二、习题

### (一)名词解释

1. 自然方:

2. 土的可松性:

3. 单斗挖掘机:

4. 铲斗充盈系数:

5. 开挖掌子面:

6. 最优含水量:

### (二)填空题

1. 土方施工中常说的土方,它的三种名称是________、________、________。
2. 机械开挖土方常用的机械有__________和__________。
3. 单斗挖掘机按工作装置分有________、________、________和________四类。
4. 铲运机按行走装置和方式的不同可分为________和________两种。
5. 机械运输的类型可分为______________、______________、________________和______________等四类。
6. 装载机是一种集________、________、________于一体,并能________的机械。
7. 汽车运输的车型应使____________和_____________________相匹配。
8. 土料的压实方法与_______________、_______________和________________有关。
9. 羊足碾的组成包括________、________和________,以及________。
10. 现场碾压试验,应在选定碾压机的前提下,确定____________________、________及____________________。

### (三)多项选择题

1. 被松动后的土(　　)。

A. $V_{松} > V_{自} > V_{实}$　　B. $\rho_{松} > \rho_{自} > \rho_{实}$　　C. $\rho_{自} < \rho_{松} < \rho_{实}$　　D. $\rho_{实} > \rho_{自} > \rho_{松}$

2. 水利水电工程土、岩的分级标准是(　　)。

A. 按粒径级配　　B. 按岩石破碎难易程度

C. 按岩石强度大小　　D. 按土壤开挖难易程度

3. 土方开挖机械有(　　)。

A. 单斗挖掘机、正铲、反铲、拉铲、抓铲、拖拉机

B. 单斗式、多斗式

C. 推土机、铲运机、装载机

D. 水枪、吸泥船

4. 选择开挖机械的因素有(　　)。

A. 从实际情况出发,可以取得的设备　　B. 按开挖材料的性质来选择

C. 开挖土料时,掌子面的高度　　D. 开挖机械和运输机械的配套

5. 选择压实机械的主要原则是(　　)?

A. 尽量采用现有的压实设备

B. 根据压实材料的性质选择

C. 含水量高低是选择机械的主要因素

D. 施工场面小时,应选用小型夯实机具

6. 压实系数是影响土料压实的主要因素,是指(　　)。

A. 干密度　　B. 相对密度　　C. 铺土厚度　　D. 碾压遍数

7. 土石料运输有四种类型(　　)。

A. 无轨运输　　B. 有轨运输　　C. 带式运输　　D. 汽车运输

## (四)简答题

1. 土方工程施工运用的主要机械有哪几种类型?

2. 土方压实机械有哪几种?

3. 土方工程按其施工方法可分为哪几种?

4. 土方工程施工的基本过程有哪几个工序？

5. 简述羊足碾、气胎碾、振动碾各适合压实哪几种土料？

（五）论述题

1. 简述土方施工的全过程。

2. 简述土方现场碾压试验的步骤。

# 第二单元　砌筑工程

## 一、学习指导

### (一)学习要求

1. 了解砖石材料种类及质量要求,脚手架的类型、作用。
2. 理解砖石砌体的施工放样与施工安全知识。
3. 掌握砖石砌体的砌筑原则、方法、砌筑工艺及质量要求、施工工艺。

### (二)学习重点

砌筑工程的砌筑原则,砌砖的施工工艺,浆砌石、干砌石的工艺和质量要求。

### (三)单元小结

在中小型水利工程中,有大量的砖石砌筑工程。本单元首先讲述了砖石材料的种类和质量要求,砖石砌筑要遵从一定的原则;干砌石的砌筑方法有平缝砌石和花缝砌石,在砌筑中要注意质量控制;浆砌石施工方法为坐浆砌筑法,也要注意其质量控制;浆砌石拱中要注意拱架放样和拱圈的砌筑顺序,同时要有预留拱度。最后介绍了脚手架的种类、施工程序和安全注意事项。

## 二、习题

### (一)名词解释

1. 干砌石:

2. 胶凝材料:

3. 水化反应:

4. 挡土墙:

### (二)填空题

1. 水利工程常用的石料有________、________、________、________________。

2. 砌筑施工常用的胶结材料,按使用特点分为________、________。

3. 砌体的抗压强度较大,但抗拉、抗剪强度低,仅为其抗压强度的________,因此砖石砌体常用于结构物________部位。

4. 上下两层砌块间的纵缝必须________,以保证砌体的整体性,以便传力。

5. 干砌石是指不用任何胶凝材料把石块砌筑起来,包括________、________。

6. 干砌块石是依靠块石之间的________来维持其整体稳定的。

7. 浆砌石施工的砌筑要领可概括为"____、____、____、____"四个字。

## (三)单项选择题

1. 砖的强度等级分为 MU30、MU25、MU20、MU15、MU10、(　　)级。

   A. MU9　　B. MU8　　C. MU7　　D. MU7.5

2. 水利工程常用的石料有片石、细料石、粗料石、块石和(　　)。

   A. 卵石　　B. 针状石　　C. 碎石　　D. 料石

3. 砌筑施工常用的胶结材料,按使用特点分为砌筑砂浆和(　　)。

   A. 勾缝砂浆　　B. 抹面砂浆　　C. 水泥砂浆　　D. 石灰砂浆

4. 常用的水泥砂浆强度等级分为 M15、M10、M7.5、M5、M2.5、M1、(　　)7 个级别

   A. M10.8　　B. M0.7　　C. M0.5　　D. M0.4

5. 干砌块石是依靠块石之间的(　　)维持其整体稳定的。

   A. 摩擦力　　B. 挤压力　　C. 交错力

6. 拱圈各段的砌筑顺序是(　　)。

   ①砌拱脚;②砌拱顶;③砌 1/4 处;④砌其余各段

   A. ①②③④　　B. ②③①④

   C. ①②④③　　D. ③①②④

## (四)多项选择题

1. 砌筑施工常用的胶结材料可以分为水泥砂浆和(　　)。

   A. 石灰砂浆　　B. 水泥石灰砂浆　　C. 石灰黏土砂浆　　D. 黏土砂浆

2. 砌筑前的准备工作有(　　)。

   A. 备料　　B. 基础清理　　C. 铺设反滤层

3. 浆砌石施工的砌筑要领可概括为(　　)这几个字。

   A. 平　　B. 稳　　C. 满　　D. 错

4. 墙面勾缝按其形式可分为(　　)。

   A. 凹缝　　B. 平缝　　C. 凸缝

## (五)简答题

1. 砌筑的原则是什么?

2. 砌筑前的准备工作是什么?

3. 简述砌筑工艺过程。

4. 砌筑施工常用的胶结材料是如何划分的?

5. 勾缝按其形式可分为几类?如何施工?

## (六)论述题

影响砌筑工程的因素有哪些?

# 第三单元　钢筋混凝土工程

## 一、学习指导

### (一)学习要求

1. 了解钢筋的性质、规格,模板的分类、设计、安装与拆除。

2. 理解钢筋的冷拉效果、冷拉操作,模板的特点、作用与基本要求,混凝土运输机械的类型、使用特点,预应力混凝土的施工工艺。

3. 掌握钢筋加工工艺与要求,钢筋的配料与代换,模板的安装与拆除质量控制,混凝土施工的工艺流程,混凝土的冬、夏季施工注意事项及采取措施。

### (二)学习重点

1. 钢筋工程加工工艺流程及各环节质量的检验方法。

2. 模板的作用、分类以及设计、安装、拆除的质量控制。

3. 混凝土施工工艺以及质量控制。

### (三)单元小结

本单元主要包括三部分内容:钢筋工程、模板工程及混凝土工程。钢筋加工、模板设计、制作安装、拆除以及混凝土的施工是一切混凝土、钢筋混凝土工程施工的基本内容,只要是混凝土、钢筋混凝土工程,都离不开它们。可以说,工程的质量在很大程度上取决于钢筋混凝土工程的质量。因此,对本单元内容应加强学习。

钢筋加工工艺包括调直、除锈、下料剪切、弯曲成型、焊接、绑扎、安装,是钢筋工程的核心,每一工艺都有相应的方法和质量要求;模板在混凝土工程中有着重要的作用,其质量、造价、进度对混凝土都有重要影响,根据不同的分类标准有不同的种类,应了解其设计、安装与拆除的施工要求及质量控制;混凝土的施工工艺包括骨料的制备、储料、供料、配料、拌和、运输和浇筑,每一施工工艺都对混凝土质量有着重要的影响。在水电工程施工过程中,保证混凝土的浇筑质量是关键所在。

此外,本单元阐述了混凝土配料、拌和、运输和浇筑的机械,以及特殊季节混凝土施工的措施。

在学习本单元时,以影响混凝土质量的因素为主线,全面理解各因素对混凝土质量的影响,为此总结出提高混凝土质量的措施,以便于在实践中应用。

## 二、习题

### (一)名词解释

1. 超径:

2. 逊径:

3. 冷缝:

4. 滑模:

5. 施工缝:

6. 冷弯试验:

### (二)填空题

1. 模板的作用主要是对新浇塑性混凝土起__________和__________作用,同时对混凝土表面质量起着__________ 和__________作用。

2. 骨料筛分是把混合原料按设计和施工对__________ 进行分级。

3. 振捣是混凝土浇筑过程中的 __________工序。

4. 钢筋加工前应做__________试验。

5. 水利水电工程中常用的焊接方法是__________、__________、点焊。

6. 混凝土的自由下落高度不宜大于__________,超过该高度者应采取缓降措施,以免混凝土分离。

7. 养护不良的混凝土,因水泥中________________未能充分产生,混凝土组织松散,透水性增加并影响混凝土 ________的发展。

### (三)多项选择题

1. 对骨料质量的要求包括(　　)。

A. 强度和抗冻性　　B. 化学成分

C. 颗粒形状　　D. 颗粒级配和杂质含量

2. 混凝土生产的主要程序有(　　)。

A. 储料　　B. 供料　　C. 配料和拌和　　D. 运输

3. 混凝土拌和机械按拌和原理的不同分为(　　)。

A. 自落式　　B. 拌和式　　C. 强制式　　D. 鼓筒式

4. 混凝土垂直运输设备有(　　)。

A. 缆机　　B. 皮带机　　C. 门、塔机　　D. 履带式起重机

5. 混凝土浇筑的方法有(　　)。

A. 通仓薄层浇筑法　　B. 平层浇筑法　　C. 阶梯形浇筑法　　D. 斜层浇筑法

6. 按照规范规定凡工程所在地区,气温处于下述规定范围,即进入低温季节施工时间(　　)。

A. 寒冷地区的日平均气温,稳定在5 ℃以下或最低气温稳定在-3 ℃以下时

B. 寒冷地区当日平均-10 ℃以下时

C. 温和地区的日平均气温稳定在3 ℃以下时

D. 温和地区的日平均气温稳定在0 ℃以下时

7. 钢筋配料包括(　　)。

A. 阅读设计图纸　　B. 计算下料长度　　C. 编制钢筋配料单　　D. 钢筋焊接

8. 钢筋混凝土结构工程包括(　　)。

A. 钢筋工程　　B. 混凝土工程　　C. 模板工程　　D. 土方工程

(四)简答题

1. 对模板的基本要求是什么?

2. 在浇筑混凝土前,为什么要对施工缝进行处理?

3. 骨料筛分中主要质量问题的控制标准是什么?

4. 混凝土振捣的目的是什么? 振实的标准是什么?

## (五)论述题

从施工角度看,影响混凝土质量的因素有哪些?如何提高混凝土质量?

# 第四单元　爆破工程

## 一、学习指导

### (一)学习要求

1. 对爆破安全与防护计算能灵活应用,对安全防护要引起足够的重视。
2. 理解爆破的基本概念、爆破材料的主要性能以及常用工程炸药的特性。
3. 掌握爆破工程的基本原理、爆破方法、施工程序。

### (二)学习重点

1. 浅孔、深孔爆破的炮孔布置和装药量计算。
2. 光面爆破、预裂爆破的应用和区别,主要参数的选用、确定和装药量计算。

### (三)单元总结

本单元内容可概括为:三个概念、三种材料、十种方法和一个安全控制。

在研究爆破作用时,是假定药包在无限和均匀的介质中爆炸,可将爆破作用的影响范围大体上分为四个圈。这只是在学习爆破之前的第一个最基本的概念。第二个概念就是爆破漏斗。在这个基础上,又引申出一个爆破作用指数 $n$。接着又按 $n$ 值的大小,把爆破分为几种类型,使学习者进一步对爆破工程有了初步认识。

对于三种材料,就是水利水电工程中常说的“小三材”,即炸药、雷管、导火索。对水利水电工程常用的炸药要有清楚的了解和认识。炸药的种类很多,不可能一一了解,但对起爆炸药、水利水电工程常用的几种工程炸药的一般性质和爆炸性能应该掌握,有些基本数据应该熟记不忘。对于雷管,重点应该将常用的几种电雷管的结构和使用方法了解清楚。至于导火索的分类,应该知道导火索、导电线、导爆索、导爆管各自的用途和特点,不能混为一谈。

对于每种爆破的基本方法,都是大同小异的。各种爆破之间都有它们的共同点,即爆破参数的确定、装药量的计算和安全控制计算等。其中最主要的是爆破工程的类别、炸药品种、地质地形条件等,要按实际情况灵活运用。爆破工程最突出的特点是它的实践性。由于爆破工程的复杂性、多变性,理论计算尚满足不了实践的需求,又不允许生搬硬套其他工程的有关参数,因而较大而重要的工程,都应按照工程的实际需要进行爆破试验,从中取得符合实际的爆破参数以指导工程实施。对于中小型工程,爆破方量不太多的情况下,可采用类比法参考有关的经验数据,在施工中逐步加以调整。

爆破安全控制，是爆破工程施工的重要一环，应有充分的准备和具体可行的措施。安全距离除按公式计算外，还应考虑外界的一些不利因素，确保施工安全。对人员、建筑物、器械等的保护措施必须落实，保证万无一失。

## 二、习题

### （一）名词解释

1. 爆炸：

2. 爆破漏斗：

3. 爆力：

4. 雷管：

5. 导爆管：

6. 深孔爆破：

7. 预裂爆破：

8. 不耦合系数：

### （二）填空题

1. 爆破工程包括__________、__________、__________等主要内容。

2. 工程常用的工业炸药有______、______、______、______、______、______。

3. 药包可分为__________和__________药包。

4. 工业常用的导火线有________、________、________、________。

5. 电爆网路的连接方式有________________、________________、________________、____________。

6. 常用的爆破方法有________________、________________、________________、____________、____________。

7. 硐室爆破按作用和性质可分为____________________、____________________、________________、________________四类。

8. 预裂爆破主要参数有____________、____________、____________，其他参数有____________________、____________________、____________________。

## (三)多项选择题

1. 根据 $n$ 值的大小,可对爆破分类。以下叙述中正确的是(　　)。
   A. 当 $n=1$,漏斗张开角度大于90°,称为标准抛掷爆破
   B. 当 $n>1$,漏斗张开角度为90°,称为加强抛掷爆破
   C. 当 $0.75<n<1$ 时,漏斗张开角度小于90°,称为减弱抛掷爆破
   D. 当 $0.33<n<0.75$ 时,无岩体抛出,称为松动爆破
2. 按起爆方式分,常用的两类雷管是(　　)。
   A. 电雷管　　B. 秒延期雷管　　C. 毫秒延期雷管　　D. 火雷管
3. 工程中采用的基本爆破方法有(　　)。
   A. 浅孔爆破　　B. 深孔爆破　　C. 硐室爆破　　D. 二次爆破
4. 预裂爆破应达到的质量标准为(　　)。
   A. 预裂面上形成的贯通裂缝其表面宽度不小于1 cm
   B. 预裂面的不平整度小于15 cm
   C. 炮孔孔距为孔径的10倍
   D. 预裂面岩体上不产生大的裂缝
5. 浅孔爆破炮孔布置的主要参数有(　　)。
   A. 炮孔间距及排距　　B. 炮孔直径　　C. 最小抵抗线　　D. 炮孔深度
6. 硐室爆破的类型,按作用和性质分为(　　)。
   A. 大硐室和小硐室爆破　　B. 定向爆破和抛掷爆破
   C. 扬弃爆破　　D. 松动和崩塌爆破

## (四)简答题

1. 什么叫爆炸?什么叫爆破?

2. 炸药的性质主要有哪些?其主要内容是什么?

3. 深孔梯段爆破的主要优越性是什么?

4. 硐室爆破的主要优点是什么?

5. 控制爆破主要有哪些方法?

6. 爆破安全分为哪几类?

7. 爆破施工的过程有哪些?

## (五)论述题

1. 论述预裂爆破的基本原理及其在工程中的运用。

2. 叙述爆破作用圈的形式。

3. 简述爆破、起爆材料在储存与保管中的要求。

# 第五单元　基础工程

## 一、学习指导

### (一)学习要求

1. 了解基础处理的目的、处理措施、锚固技术、混凝土防渗墙技术、振动沉模防渗技术。

2. 理解岩基灌浆施工内容。

3. 掌握有关地基及地基处理的基本概念、基本施工方法和工艺程序。

### (二)学习重点

1. 岩基开挖的内容、方法和施工中必须注意的问题。

2. 砂砾石地基的可灌性和灌浆的方法。

3. 钻孔灌浆的施工工艺。

### (三)单元总结

本单元主要讲述水工建筑物地基的处理方法。岩基处理包括岩基开挖、岩基灌浆。地基开挖是最常见、有效的处理方法。只有此法在技术与经济方面不可取时,方考虑其他方法。岩基开挖主要是防止爆破影响和破坏,保护和保持建基面的原貌,保持岩层的自然状态。用灌浆的方法处理地基也是常用的方法。其中用水泥、硅粉和高效塑化剂制成触变性灌浆材料,使用较为广泛,以其无污染、可灌性强、抗渗性好、强度高、价格低等显著优点,压倒其他灌浆材料,成为发展方向。灌浆可以提高岩土力学强度,恢复其整体性,改善渗透性,提高抗渗能力,施工设备简单,易于操作。砂砾石地基与岩基不同,灌浆前应了解砂砾石地基的可灌性。灌浆过程中掌握灌浆压力,防止地面抬升。灌浆顺序包括全段一次灌浆法、分段灌浆法和综合灌浆法,每种方法各有优缺点和适用条件。灌浆的施工程序包括钻孔、冲洗、压水试验、灌浆、灌后的质量检查和封孔,对每一程序要掌握其质量要求。

防渗墙主要使堤坝闸防渗加固,防止泄水建筑物下游冲刷和作为水工建筑物的承重结构,目前常用的堤坝防渗加固新技术有振动沉模防渗技术、土工膜防渗技术和混凝土防渗墙技术等,应了解这些新技术的特点和适用条件。

地基处理的方法很多,应结合具体的地质条件和施工条件而定。

## 二、习题

### (一)名词解释

1. 地基:

2. 灌浆:

3. 单位吸水率:

4. 闭浆时间:

5. 可灌性:

### (二)填空题

1. 地基和基础是建筑物的________________,又属地下________________。
2. 岩基开挖的基本方法是:分层钻孔爆破,________________。
3. 保护层开挖是控制__________质量的__________。
4. 接触灌浆的主要目的是加强__________和__________之间的结合能力,提高__________的抗滑稳定性,同时也能增进__________和防渗性。

### (三)多项选择题

1. 水工建筑物对地基的基本要求是(　　)。
   A. 有足够的强度,能够承受上部结构传递的应力
   B. 具有足够的整体性和均一性,能防止基础的滑动和不均匀沉陷
   C. 具有足够的抗渗性
   D. 具有足够的耐久性
2. 岩基灌浆按目的分类可分为(　　)。
   A. 化学灌浆　B. 帷幕灌浆　C. 固结灌浆　D. 接触灌浆
3. 砂砾石地基钻孔灌浆方法有(　　)。
   A. 冲击式钻孔法　B. 循环钻灌法　C. 打管法　D. 预埋花管法
4. 地基处理的方法主要有(　　)。
   A. 开挖回填　B. 预应力锚固　C. 桩基　D. 灌浆
5. 岩基开挖施工应注意的问题有(　　)。
   A. 合理安排开挖程序,保证施工安全
   B. 及时组织排水,确保开挖工作正常进行

C. 正确选择开挖方法,保证地基开挖质量

D. 全面正确规划石渣运输、堆放,充分合理利用开挖的土石方

## (四)简答题

1. 岩基开挖为什么预留保护层? 保护层如何开挖?

2. 灌浆地基处理的目的是什么?

3. 灌浆施工的主要程序是什么?

4. 灌浆前为什么进行压水试验?

## (五)论述题

1. 地基为什么要进行开挖处理? 开挖后的地基应满足哪些基本要求?

2. 就目的而言,固结灌浆和接触灌浆的主要不同点在哪里?

3. 如何选择地基处理的方法?

# 第六单元　施工导流与截流

## 一、学习指导

### (一)学习要求

1. 了解施工导流在整个施工过程中的地位及任务,坝体缺口的设计注意事项,导流标准、导流时段的划分。

2. 理解围堰的特点、对各种围堰的要求以及拆除,导流分段与分区、河床束窄程度系数的含义、数值选取的原则,坝体施工期拦洪度汛的基本要求。

3. 掌握施工导流的基本方法及适用条件、导流方案选择,截流的过程与截流方式、截流材料、截流时间的确定,基坑排水的基本方法。

### (二)学习重点

施工导流的基本方法及适用条件、导流方案选择、截流的基本方法、施工主要过程与截流控制,基坑排水方法。

### (三)单元总结

施工导流、截流及基坑排水是水利工程施工特有的部分,施工水流控制是水利工程施工中全局性、战略性的问题,对水利水电工程施工具有重要的理论意义和现实价值。施工水流控制作为解决施工与水流蓄泄之间矛盾的工程措施,是保证干地施工和施工工期的关键,通过本单元学习,可以认清施工导流在水利工程施工中的特殊地位和作用,也掌握施工水流控制的全过程,可以初步根据设计的基本资料和在保证工程要求的前提下,选择合理的导流方案,确定导流建筑物的布置、构造及尺寸,拟订导流建筑物的修建、拆除、堵塞的施工方法以及截断河床水流、拦洪度汛和基坑排水等措施。导流建筑物包括挡水建筑物和泄水建筑物。围堰型式很多,主要应掌握土石围堰和混凝土围堰的适用条件、结构及布置。截流与围堰关系密切,但是截流在施工导流中占有重要地位,又是施工总计划中的主要控制项目之一。截流方法中的平堵法已经很少采用,主要应掌握立堵截流的方法与设计主要问题。围堰合龙闭气后,就要开始基坑排水,以创造干地施工的条件。主要应掌握初期排水和经常性排水的布置和计算。

本单元是水利类专业学生今后从事水利工程设计和施工工作必须掌握的内容。

# 二、习题

## (一)填空题

1. 施工导流的基本方法大体上可以分为____________和____________两类。

2. 用分段围堰法导流时,宣泄水流前期用____________,后期用________、________或________等。

3. 围堰按与水流方向的相对位置,可以分为________和________。

4. 混凝土围堰的型式有____________和________________。

5. 解决围堰防冲的措施有______________、________________。

6. 导流时段的划分与______________________________、______________________________与______________________等相关。

7. 截流的施工过程包括________________________、________________________、____________与________________________。

8. 截流的基本方法有________和________两种。

9. 土石坝施工,若坝身在汛前不可能达到拦洪高程,可采用__________________、________________、________________、________________等措施。

10. 基坑排水按排水时间及性质分为________________________________与________________________。经常性排水的水量来源包括________________、________________、________________与________________。

11. 人工降低地下水位法按排水工作原理分为________、________两种。

## (二)单项选择题

1. 导流隧洞进出口应与上下游水流相衔接,与河道主流的交角以(　　)左右为宜。

A. 30°　　B. 45°　　C. 60°

2. 导流隧洞进出口与上下游围堰之间的距离,一般应大于(　　)。

A. 30 m　　B. 50 m　　C. 80 m

3. 导流隧洞中的弯道转弯半径以大于(　　)倍隧洞直径为宜。

A. 3　　B. 5　　C. 10

4. 导流明渠的进出口与上下游围堰之间一般要保持(　　)的距离。

A. 30 ~ 50 m　　B. 50 ~ 100 m　　C. 100 ~ 150 m

5. 在通航的河道上,用分段围堰法导流时,束窄河床后的水流速度,除特殊情况外,一般不得超过(　　)。

A. 2 m/s　　B. 3 m/s　　C. 4 m/s

6. 坝体施工期临时度汛的洪水标准,对土石坝,当拦洪库容小于 0.1 亿 $m^3$ 时为(　　)年一遇洪水。

A. 50 ~ 20　　B. 100 ~ 50　　C. >100

7. 对于河床狭窄、基坑工作量不大、水深、流急难于实现分期导流的地方常采用(　　)导流。

A. 明渠　B. 隧洞　C. 分段围堰法　D. 全段围堰法

8. 一般河谷狭窄、两岸地形陡峻、山岩坚实的山区河流常用(　　)导流。

A. 明渠　B. 隧洞　C. 分段围堰法　D. 全段围堰法

9. 导流的分期数和围堰的分段数(　　)相同。

A. 一定相同　B. 不一定相同　C. 不相同　D. 相同

10. 分段围堰法后期常用泄水建筑物的类型有底孔、________等。

A. 明渠　B. 隧洞　C. 缺口　D. 全段围堰

11. 导流建筑物根据其保护对象、失事后果、使用年限和工程规模划分为(　　)级。

A. Ⅰ ~ Ⅱ　B. Ⅱ ~ Ⅲ　C. Ⅲ ~ Ⅳ　D. Ⅲ ~ Ⅴ

12. 导流建筑物设计洪水标准应根据建筑物的类型和(　　)选择,并结合风险度综合分析,使所选标准经济合理,对失事后果严重的工程,要考虑对超标准洪水的应急措施。

A. 型式　B. 等级　C. 级别　D. 内容

13. 划分导流时段时要全面分析河道的水文特点、被围的永久建筑物的结构型式及其工程量大小、(　　)、工程最快的施工速度等。

A. 施工方案　B. 施工方法　C. 导流方案　D. 导流建筑物型式

14. 划分导流时段时尽可能采用(　　)围堰,进行枯水期导流,是降低导流费用、加快工程进度的重要措施。

A. 低水头　B. 高水头　C. 土石　D. 混凝土

15. 山区性河流,其特点是洪水流量大,历时短,而枯水期则流量小,经常可采用的(　　)导流方案,以降低导流费用。

A. 明渠　B. 隧洞　C. 淹没基坑　D. 全段围堰法

16. 围堰是一种临时性水工建筑物,用来围护河床中的基坑,保证水工建筑物施工在(　　)上进行。

A. 平地　B. 干地　C. 水下　D. 水中

17. 当泄水建筑物完成时,抓住有利时机,迅速实现围堰(　　),迫使水流经泄水建筑物下泄,称为截流。

A. 进占　B. 护底　C. 裹头　D. 合龙

18. 截流日期一般选在枯水期(　　)。

A. 初　B. 中　C. 末　D. 后

(三)判断题

1. 分段围堰法适用于河床宽、流量大、施工期较长的工程,尤其是通航频繁和冰凌严重的河流上。(　　)

2. 明渠导流一般适用于河床一侧的河滩基岩较高且岸边稳定情况。(　　)

3. 当围堰拦蓄一部分水流时,上游围堰堰顶高程应通过水库调洪计算来确定。(　　)

4. 土石坝施工的导流时段应以全年为标准,并以导流标准规定的一定频率的年最大

流量作为导流设计流量。(　)

5. 截流日期多选择在枯水期末、流量最小的时刻。(　　)

6. 坝体中的导流底孔并不需要全部封堵,而只要浇筑一定长度足够挡水即可。(　　)

7. 井点系统排水时,地下水下降深度为 4 ~5 m。(　　)

(四)简答题

1. 施工导流设计的主要任务是什么?

2. 分段围堰法选择河床束窄程度应该考虑哪几个方面的因素?

3. 混凝土围堰有哪些特点(优点)?

4. 用分段围堰法导流,后期用临时导流底孔来修建混凝土坝时,如何划分导流时段?

5. 什么是导流方案?

6. 立堵截流有什么特点,适用于什么情况? 平堵截流具有什么特点? 适用于什么情况?

7. 混凝土坝施工，若坝身在汛前浇筑不到拦洪高程，应采取什么措施以保证汛期不停工？

8. 在基坑经常性排水中，建筑物修建时排水系统如何布置？

# 第七单元 碾压式土石坝施工

## 一、学习指导

### (一)学习要求

1. 了解混凝土面板的施工工艺。

2. 理解土石料场的规划原则。

3. 掌握土石坝施工的综合机械化施工方案的选择、土坝坝面作业内容和施工方法,以及质量控制措施。

### (二)学习重点

土石坝料场规划、土石坝施工挖、运、填等各道工序的“一条龙”生产工艺流程、土石坝施工全过程的施工质量检查和控制;料场的规划;坝面作业程序与坝面质量检查。

### (三)单元总结

本单元主要介绍了料场选择和规划的原则,土石坝施工特点和施工程序,综合机械化施工方案,土石坝施工的质量控制。要求学生理解土石坝的施工特点和施工程序,掌握施工方法和施工质量要求和判别标准,重点是土石坝工程施工的综合机械化施工方案和质量控制,因此学习中应给予重视,其余内容可作一般性了解。碾压式土石坝机械化施工,常见的典型挖运方案布置有三种,即单斗式挖掘机配自卸汽车方案、多斗式挖掘机配带式输送机方案和铲运机方案。土坝坝面作业包括铺土、平土、洒水或晾晒、土料压实、质量检查等,多采用流水作业法施工,要正确设计流水作业各要素,使流水作业法能正常进行。影响土坝质量的因素主要有原材料、施工质量等,因此要对原材料和坝面作业质量进行重点控制与检查。

水利水电工程中存在大量土工建筑物,土工建筑物对基础的适应性最大,通过本单元学习,以最广泛的土石坝为主要坝型,掌握碾压式土石坝施工过程,理解施工机械联合作业的流程。

## 二、习题

### (一)填空题

1. 土石坝施工需要对料场从________、________、________与________等方面进行全面规划。

2. 土石坝施工,坝面铺料行之有效的方法是________、________、________、________、________、________。

3. 土石坝冬季施工,可采取________、________、________三方面的措施。

4. 土石坝预计施工的防雨措施可以采用________________、________________、________________。

5. 土石坝施工过程包括________、________、________、________。

### (二)单项选择题

1. 土石坝施工料场规划实际可开采总量与坝体填筑量之比一般为(　　)。

A. 2 ~ 2.5　　B. 1.5 ~ 2.0　　C. 1.0 ~ 1.5

2. 挖掘机开挖、自卸汽车运输两者配套时,自卸汽车运距为2.0 km,车厢和铲斗容量的合理比值为(　　)。

A. 3 ~ 5　　B. 4 ~ 7　　C. 7 ~ 10

3. 土石坝挖掘机合理的装车斗数应为(　　)斗装一车。

A. 1 ~ 3　　B. 3 ~ 5　　C. 5 ~ 7　　D. 7 ~ 10

4. 对因汽车上坝或压实机具压实后的土料表层形成的光面,必须进行刨毛处理,一般要求刨毛深度为(　　)cm。

A. 1 ~ 3　　B. 5 ~ 7　　C. 4 ~ 5　　D. 7 ~ 10

### (三)简答题

1. 组织综合机械化施工的原则有哪些?

2. 常用土石料挖运配套方案有哪些?

3. 如何组织坝面施工流水作业?

4. 土石坝坝面施工质量如何检查控制?

## (四)计算题

土坝施工,黏性土的上坝强度为4 992 $m^3/d$。已知设计干密度为1.65 $t/m^3$,料场土料干密度为1.35 $t/m^3$,土料松散干密度为1.28 $t/m^3$。土料开挖损失系数为0.95,运输损失系数为0.98,求开挖与运输强度。

# 第八单元 混凝土坝施工

## 一、学习指导

### (一)学习要求

1. 了解砂石骨料生产系统知识与骨料生产能力的计算以及碾压混凝土施工工艺。

2. 理解混凝土生产系统的布置原则与组成,混凝土施工中的温度控制措施,混凝土运输、浇筑方案选择的主要影响因素及选择原则。

3. 掌握混凝土坝的分缝、分块及要求,混凝土浇筑程序的主要内容、养护要求及养护措施,混凝土坝接缝灌浆的程序、方法与施工工艺。

### (二)学习重点

混凝土运输、浇筑方案选择,混凝土浇筑程序、养护要求及养护措施,混凝土生产系统的布置。

### (三)单元总结

混凝土坝是典型的大体积混凝土,其主要问题是温控问题。柱状浇筑法的分缝分块,是实现温控的方法之一。

碾压式混凝土是从根本上改变混凝土浇筑方式的革新,是提高混凝土坝建设速度、改善混凝土性能、降低水泥用量和减少水泥水化热、缩短工期、降低造价的重大施工变革。

混凝土坝在高坝中所占的比重较大,其工程量大、消耗实体性材料多。通过本单元学习,掌握混凝土坝的现场施工方法,了解新兴的碾压混凝土施工技术是水利水电专业学生必须掌握的专业知识。

## 二、习题

### (一)填空题

1. 大坝混凝土浇筑,分块尺寸和铺层厚度已定,解决层间不出现冷缝的措施有____________、________________________________。

2. 大体积混凝土的温度变化过程可分为________、________和________三个时期。

3. 混凝土坝施工,产生的温度裂缝有________________、________________两类。

4. 混凝土坝温度控制的目的是________________________________与__________________________。

5. 混凝土坝的基本分缝分块方法有________、________、________和________。

（二）单项选择题

1. 混凝土坝施工，骨料的最小安全储量约为（　　）天骨料用量。
   A. 5 ~ 10　　B. 10 ~ 15　　C. 15 ~ 20
2. 用冷却水管降低混凝土温度，二期通水冷却应保证至少有（　　）的温降。
   A. 5 ~ 10 ℃　　B. 10 ~ 15 ℃　　C. 15 ~ 20 ℃
3. 一般把结构最小尺度大于（　　）m 的混凝土称为大体积混凝土。
   A. 1　　B. 2　　C. 3　　D. 4
4. 混凝土坝新老混凝土间的内部温差一般允许为（　　）℃。
   A. 10 ~ 15　　B. 15 ~ 20　　C. 20 ~ 25　　D. 25 ~ 28
5. 混凝土坝采用薄层浇筑，浇筑层厚度采用（　　）m。
   A. 1 ~ 3　　B. 3 ~ 5　　C. 5 ~ 7　　D. 7 ~ 10
6. 混凝土坝采用薄层浇筑，上、下层间歇时间宜为（　　）d。
   A. 1 ~ 3　　B. 3 ~ 5　　C. 5 ~ 10　　D. 10 ~ 15
7. 碾压混凝土坝的施工一般不设与坝轴线平行的纵缝，而与坝轴线垂直的横缝是在混凝土浇筑碾压后尚未充分凝固时用切割混凝土的方法设置，或者在混凝土摊铺后用（　　）压入锌钢片形成横缝。
   A. 振动碾　　B. 风钻　　C. 凿岩机　　D. 切缝机
8. 碾压混凝土坝为了满足防渗性和耐久性的要求，上、下游面及与基岩接触面的混凝土采用（　　）。
   A. 防渗混凝土　　B. 普通混凝土　　C. 沥青混凝土　　D. 环氧混凝土

（三）判断题

1. 骨料加工厂的位置应尽可能接近拌和楼。（　　）
2. 混凝土系统在高程上应与上坝运输线路和坝上工作桥的高程协调一致。（　　）
3. 混凝土大坝竖向施工缝的灌浆温度一般取分区稳定温度的平均值。（　　）
4. 混凝土坝施工，纵缝缝面上的键槽为三角形，两个斜面相互正交，且分别与坝的第一、二主应力正交。（　　）

（四）问答题

1. 混凝土坝施工的料场规划应遵守的原则是什么？

2. 混凝土拌和站在平面上有哪几种布置形式？在立面上如何利用地形进行布置？

3. 混凝土坝施工时,选择混凝土运输浇筑方案应考虑哪些原则？

4. 碾压混凝土具有哪些优点？

5. 试说明贯穿裂缝的形成原因与危害。

6. 降低混凝土的入仓温度有哪些措施？

7. 混凝土坝应如何进行分缝分块？

8. 碾压混凝土坝施工铺料要求有哪些？

9. 碾压混凝土坝碾压要求有哪些？

（五）计算题

1. 某混凝土重力坝月浇筑强度为16 530 $m^3$，坝段宽度为16 m。混凝土的初凝时间为2.5 h，运输入仓时间为30 min，浇筑层厚度为0.35 m，求纵缝间距。

2. 面积16 m×24 m的坝块用碾压法施工。混凝土初凝时间为2.5 h。用3×1.5 $m^3$一座拌和楼，生产率为79.8 $m^3$/h。用BW-201振动碾碾压，碾宽2.032 m。碾压遍数为10，混凝土运输入仓时间为30 min，求不出现冷缝的碾压层厚度与振动碾台数及其生产能力的利用程度。

# 第九单元　地下建筑工程施工

## 一、学习指导

### （一）学习要求

1. 了解钻爆机械的工作原理与施工性能及旋喷作业的内容。

2. 理解隧洞灌浆的原理、目的及施工工序，钻爆开挖法的设计及炮孔布置，地下工程施工的辅助作业，开挖断面衬砌的施工过程及施工控制措施。

3. 掌握平硐开挖基本要求及开挖方法，钻孔爆破循环作业的工艺流程，喷锚支护方法；开挖断面衬砌的施工过程。

### （二）学习重点

平硐施工的程序、钻孔爆破开挖的炮孔布置、钻孔爆破开挖循环作业的主要工序、硐室衬砌施工的特点、锚杆支护的布置、地下工程施工辅助作业的设计。

### （三）单元总结

本单元主要学习内容是地下建筑工程的施工程序、钻孔爆破法开挖的设计和循环作业、掘进机类型及开挖的工作原理、混凝土衬砌施工的分缝分块和模板支立、喷锚支护原理、地下工程施工辅助作业的主要内容。地下建筑物的绝大部分工作是在地面以下，施工场地受到限制，施工干扰大、施工安全问题突出，其施工工艺与前各单元的施工问题有较大区别，通过本单元学习，以平硐作为主要地下建筑物，了解地下建筑工程施工中存在的主要问题，掌握其施工工艺。

## 二、习题

### （一）填空题

1. 用导洞法开挖隧洞，导洞与扩大部分的开挖次序有________和________两种。

2. 导洞法开挖时，根据导洞的位置分为________、________、________、________和________五种方式。

3. 隧洞施工时，横断面上的浇筑顺序有____________________、____________________及____________________三种方式。

4. 平硐开挖断面上的钻孔，按作用分为________、________和________。

5. 平硐开挖每一循环的时间常采用________、________、________。

6. 掏槽眼和周边眼的孔位偏差要小于______________，崩落孔的孔位偏差不得超过________。

7. 隧洞开挖通风方式有________和________两种。

8. 隧洞混凝土和钢筋混凝土衬砌施工，有________、____________和________等方法。

9. 喷锚支护是________________、________________、________________和______________________的统称。

## （二）单项选择题

1. 台阶掌子面掘进是将整个断面分为上下两层，上层超前于下层一定距离掘进，超前距离不宜超过（　　）m，且上下层应同时爆破。

A. 1 ~ 2　　B. 2 ~ 3.5　　C. 5 ~ 20　　D. 20 ~ 25

2. 掏槽孔的深度应比崩落孔深（　　）cm，以提高崩落孔的利用率。

A. 5 ~ 10　　B. 10 ~ 15　　C. 15 ~ 20　　D. 20 ~ 25

3. 周边孔的孔口距离开挖边线（　　）cm，以利钻孔。

A. 5 ~ 10　　B. 10 ~ 20　　C. 20 ~ 25　　D. 25 ~ 28

4. 为了保证开挖质量，钻孔时应严格控制孔位、孔深和孔斜。掏槽孔和周边孔的孔位偏差要小于（　　）mm，其他炮孔则不得超过 100 mm。

A. 5　　B. 10　　C. 20　　D. 50

5. 隧洞自然通风只有在掘进长度不超过（　　）m 时，才允许采用。

A. 10　　B. 40　　C. 100　　D. 500

6. 由于隧洞一般较长，衬砌混凝土需要分段浇筑。分段长度视断面大小和混凝土浇筑能力而定，一般可取（　　）m。

A. 5 ~ 6　　B. 6 ~ 18　　C. 18 ~ 20　　D. 20 ~ 25

7. 隧洞回填灌浆孔一般只布置在拱顶中心角（　　）范围内。固结灌浆孔则应根据需要布置在整个断面四周。灌浆孔沿隧洞轴线每 2 ~ 4 m 布置一排，各排孔位呈梅花形布置。

A. 90°　　B. 100°　　C. 120°　　D. 180°

8. 喷锚支护是在隧洞开挖后，及时在围岩表面喷射一层厚（　　）cm 的混凝土，必要时加上锚杆、钢筋网以稳定围岩。这一层混凝土一般作为临时支护，以后再在其上加喷混凝土至设计厚度作为永久支护。这种施工方法称为“新奥法”。

A. 1 ~ 2　　B. 3 ~ 5　　C. 5 ~ 20　　D. 20 ~ 25

9. 平硐采用全断面开挖的条件之一是围岩的牢固系数（　　）。

A. $f \geqslant 5 \sim 6$　　B. $f \geqslant 8 \sim 10$　　C. $f \geqslant 12 \sim 15$

10. 光面爆破孔的孔径一般为（　　）。

A. 40 ~ 50 mm　　B. 60 ~ 80 mm　　C. 85 ~ 100 mm

11. 隧洞开挖半径的平均径向超挖应控制在(　　)之内。

A. 10 cm　　B. 15 cm　　C. 20 cm

12. 隧洞开挖采用压入式通风时,风管的端部与工作面的距离一般不宜超过(　　)m。

A. $3\sqrt{S}$　　B. $6\sqrt{S}$　　C. 10

13. 围岩稳定性较好,跨度为 5 ~ 10 m 的地下硐室,可采用(　　)支护。

A. 3 ~5 cm 厚喷混凝土　　B. 5 ~7 cm 厚混凝土

C. 7 ~10 cm 厚喷混凝土加锚杆

14. 喷混凝土的养护时间一般不少于(　　)。

A. 7 d　　B. 14 d　　C. 21 d

15. 喷混凝土养护一般在喷完后(　　)开始。

A. 2 ~4 d　　B. 5 ~8 d　　C. 10 ~12 d

## (三)判断题

1. 掏槽眼的主要作用是增加爆破的临空面。(　　)

2. 导洞、施工支洞的出渣运输可采用装载机装车、自卸汽车出渣。(　　)

3. 小断面长洞开挖,宜采用压入式通风。(　　)

4. 隧洞钢筋混凝土衬砌施工,在横断面上的分块浇筑次序,正常情况下为先底拱(底板)、后边拱(边墙)和顶拱。(　　)

5. 浇筑隧洞底拱混凝土时,当底拱中心角较小时,一般采用悬挂式弧形模板。(　　)

6. 用压浆混凝土施工法浇筑隧洞衬砌施工,压浆程序应自上而下、逐步上升。(　　)

7. 喷混凝土施工应先下后上、先凹后凸。(　　)

8. 分层喷混凝土,后一层喷射在前一层混凝土终凝后 1 ~2 h 进行时,应用风水清洗混凝土表面。(　　)

## (四)问答题

1. 隧洞开挖方式取决于哪些因素?

2. 隧洞全断面开挖法有何特点?

3. 隧洞炮孔数目和深度如何确定？

4. 隧洞钻孔作业要求有哪些？

5. 平硐开挖循环作业的主要工序有哪些？

6. 为保证喷混凝土的质量，必须注意控制哪些施工参数？

# 第十单元　水闸施工

## 一、学习指导

### (一)学习要求

1. 了解闸门槽及止水等的施工方法。
2. 理解水闸施工的组织。
3. 掌握水闸施工特点、施工次序、闸底板施工。

### (二)学习重点

水闸浇筑顺序的确定与浇筑块划分,闸底板、闸墩的施工工艺及其质量控制,闸门槽二期混凝土的施工。

### (三)单元总结

水闸在水利工程中的应用非常广泛,可用于完成灌溉、排涝、防洪、给水、航运等多种任务。水闸施工一般可以分为准备阶段、全面施工阶段和收尾阶段。准备阶段主要抓场地布置、临时房屋搭盖、导流措施、闸基开挖以及施工图纸熟悉等。全面施工阶段主要抓基础处理、浇筑混凝土、砌石以及有关的土方工程。收尾阶段主要抓安装、回填土方、场地清理等工作。

混凝土工程和止水施工是主要环节,它往往占工程总工期的50%以上,所以必须尽力为其提前完成创造条件。遵循先主要后次要、先深后浅等混凝土浇筑原则。

本单元内容主要讲述了混凝土水闸基础处理的方法,闸底板的浇筑块划分和混凝土浇筑施工工艺,闸墩支模的方法与支模工艺控制,止水的设置类型、特点与施工工艺,闸门槽的处理工艺和二期混凝土的浇筑,要求学生能从事中小型水闸施工组织与管理工作。

## 二、习题

### (一)填空题

1. 浇筑块的体积主要是以____________________为控制条件。
2. 水闸温度缝和沉陷缝中填料的安装方法有____________________、________________法。

3. 防渗范围内的缝都设止水，止水型式有________、________，在缝墩内的止水是一种 ________。

（二）单项选择题

1. 闸室地基处理后，对于软基应铺素混凝土垫层（　　）cm，以保护地基，找平基面。

A. 1 ~ 3　　B. 3 ~ 5　　C. 5 ~ 7　　D. 8 ~ 10

2. 闸室底板垫层养护（　　）d 后即在其上放出底板的样线。

A. 1　　B. 3　　C. 5　　D. 7

3. 闸室底板模板一般采用组合钢模，模板上口应高出混凝土面（　　）cm，模板固定应稳定可靠。模板立好后标出混凝土面的位置，便于浇筑时控制浇筑高程。

A. 1 ~ 3　　B. 3 ~ 5　　C. 10 ~ 20　　D. 5 ~ 10

4. 闸底板仓面的面积较大，采用平层浇筑法易产生冷缝，一般采用斜层浇筑法，这时应控制混凝土坍落度在（　　）cm 以下。

A. 1　　B. 3　　C. 4　　D. 5

5. 闸墩施工当采用整浇底板时，两沉陷缝之间的闸墩应对称同时浇筑，以免产生（　　）。

A. 不均匀沉陷　　B. 施工缝　　C. 结构缝　　D. 冷缝

6. 沥青井缝内（　　）mm 的空隙一般采用沥青油毡、沥青杉木板、沥青砂板及塑料泡沫板作填料填充。

A. 1 ~ 2　　B. 2 ~ 3　　C. 5 ~ 10　　D. 10 ~ 20

（三）判断题

1. 水闸浇筑块面积的大小应以保证混凝土在浇筑过程中不发生冷缝为控制条件。（　　）

2. 闸墩施工时采用“对销螺栓、铁板螺栓、对拉撑木”安装的优点是施工简便。（　　）

（四）问答题

1. 水闸的施工顺序是什么？

2. 水闸闸墩的特点是什么？

3. 水闸闸墩如何组织混凝土的浇筑？

4. 水闸闸门槽及导轨位置如何控制？

5. 水闸闸墩模板如何安装固定？

6. 水闸闸墩如何组织混凝土的浇筑？

# 第十一单元 施工组织设计

## 一、学习指导

### (一)学习要求

1. 了解基本建设程序,理解施工组织设计的内容。
2. 掌握施工进度计划的编制方法和步骤。
3. 掌握施工总体布置设计的基本步骤和基本方法。

### (二)学习重点

1. 横道图施工进度计划和网络图施工进度计划的编制。
2. 施工现场的布置与分区规划。

### (三)单元总结

本单元需要了解、理解和掌握的内容较多,尤其是施工组织设计的内容涉及本课程的各单元内容,对各单元内容能够理解和掌握,是进行施工组织设计的前提。组织水利水电工程施工,主要解决好两个问题:一是编好施工组织设计,站在全局的高度从施工技术措施到组织安排,作出全面、合理的论证,编制出具有真正指导作用的施工组织设计文件;二是要加强科学管理,尊重基本建设程序,严格按照确定的施工程序、施工工艺合理的组织现场施工,认真组织进行生产性试验,严格施工质量控制,保证在规定的时间内用较少的人力物力完成规定的工程建设任务。因此,编制好施工组织设计,在质量、工期和造价控制上都具有重要意义。本单元应重点掌握施工总进度和施工总布置的编制方法和步骤,这是关键,其他都是前面各单元内容的应用。本单元重点内容分述如下:

1. 施工进度计划的编制可归纳为进度计划的种类、工期计算、表示方法(重点横道图、网络图)。编制的基本方法步骤为收集基本资料、编制轮廓性施工进度计划表、控制性施工进度计划表、进行施工方案比较、编制正式的施工进度表和报告。

2. 施工总体布置的编制归纳为施工布置的内容和原则、布置方法和步骤。其主要设计工作程序为收集资料、确定临时项目、进行施工场区规划、布置计算、布置方案比较、绘制正式的施工布置图。

3. 对本单元的技术供应、临时设施只作常规性的了解。

## 二、习题

### (一)名词解释

1. 基本建设程序:

2. 关键线路:

3. 非关键线路:

### (二)填空题

1. 施工组织设计包括________、________、________三部分。

2. 施工技术供应计划主要内容包括____________和____________________两部分。

3. 施工进度计划按内容范围和管理层次一般分为__________________________、____________________、____________三类。

4. 水利水电工程常见的网络计划技术有__________________、__________________、____________。

5. 在施工分区规划时,一般按主体工程施工范围外各区域相互穿插和相互独立的程度分为 ________ 、________、________三种布置方式 。

### (三)单项选择题

1. 工程建设可行性研究是在(　　)阶段进行的。

A. 规划　　B. 设计　　C. 施工

2. 设计任务书是在(　　)阶段进行的。

A. 规划　　B. 设计　　C. 施工

3. 施工措施计划是在(　　)编制的。

A. 规划阶段　　B. 设计阶段　　C. 施工阶段

4. 单项工程进度计划中,计算各工程项目的施工延续时间,应采用(　　)定额。

A. 概算　　B. 预算　　C. 施工

5. 要缩短总工期,只有压缩(　　)的时间。

A. 关键项目　　B. 非关键项目　　C. 虚项目

6. (　　)的延续时间,可以在时差范围内适当延长,以降低施工强度。

A. 关键项目　　B. 非关键项目　　C. 虚项目

7. 关键项目的总时差为(　　)。

A. 0　　B. 非 0　　C. 可为 0 或非 0

8. 关键项目的自由时差为(　　)。

A. 0　　B. 非 0　　C. 可为 0 或非 0

9. 非关键项目的总时差为(　　)。

A. 0　　B. 非 0　　C. 可为 0 或非 0

10. 非关键项目的自由时差为(　　)。

A. 0　　B. 非 0　　C. 可为 0 或非 0

## (四)多项选择题

1. 水利水电工程施工总工期由下述几个施工阶段之和组成(　　)。

A. 工程筹建期　　B. 工程准备期

C. 主体工程施工期　　D. 工程完建期

E. 生产准备期

2. 网络计划图的三个基本要素是(　　)。

A. 项目　　B. 主要矛盾线　　C. 事件　　D. 节点

E. 路线

## (五)简答题

1. 水利水电工程基本建设程序一般包括哪些阶段?

2. 为什么要编制施工组织设计?

3. 施工组织设计有哪些主要内容?

4. 施工组织设计应遵循哪些原则?

5. 编制施工进度和施工总布置必须遵循哪些原则?

## (六)论述题

1. 试述施工总布置的编制方法和步骤。

2. 试述施工总进度计划的编制方法和步骤。

## (七)计算题

某溢洪道混凝土施工,各部分工程的工程量及进度要求见表11-1。试安排此单项工程混凝土施工进度(横道图、网络图)。绘制施工强度曲线,找出关键线路。

表 11-1 某溢洪道混凝土各部分工程的工程量及进度要求

| 项目 | 工程量($m^3$) | 进度要求 |
| --- | --- | --- |
| 上游进口底板 | 3 000 | 等于或大于 2 个月 |
| 上游进口边墙 | 4 000 | 等于或大于 3 个月 |
| 溢流堰 | 36 000 | 第一年 5 月 1 日至第二年 1 月 31 日 |
| 陡坡段底板 | 16 000 | 等于或大于 4 个月 |
| 挑流鼻坎 | 12 000 | 第一年 11 月 1 日至第二年 4 月 30 日 |
| 下游边墙 | 18 000 | 等于或大于 6 个月 |
| 闸墩 | 6 000 | 第一年 1 月 1 日至第一年 5 月 31 日 |
| 工作桥 | 2 000 | 第二年 2 月 1 日至第二年 2 月 7 日 |
| 公路桥 | 2 000 | 第二年 3 月 1 日至第二年 3 月 31 日 |

# 第十二单元　技能训练

## 一、课堂实训

### （一）现浇钢筋混凝土梁模板支架

**1. 实训目的**

练习模板的架立。

**2. 实训内容及要求**

欲现浇一钢筋混凝土梁，长 3 000 mm，宽 200 mm，高 250 mm，已于现场放线完毕，试按照要求支架模板。要求如下：

（1）采用钢模板支架。

（2）按《混凝土结构工程施工质量验收规范》（GB 5004—2002）施工并进行自检。

（3）每小组 5 名同学，施工及自检时间总共 2 h。

（4）完成后填写《现浇结构模板安装检验批质量验收记录表》。

**3. 操作步骤**

（1）支模前，应先在现场找好梁中心线和标高。

（2）对准中心线，铺设梁底模板。

（3）梁模板必须侧板包底板，板边尽量平直。

（4）梁侧板吊直拉平后，在侧模上口钉上控制梁宽的小木条。

（5）钉斜撑固定侧板，斜撑角度为 45°，在侧板中加钉通长横木带，两侧横木带应用铅丝或螺栓拉紧加固。

### （二）钢筋混凝土梁主筋下料、弯曲

**1. 实训目的**

练习钢筋的下料、弯曲。

**2. 实训内容及要求**

欲现浇一钢筋混凝土梁，长 3 000 mm，宽 200 mm，高 250 mm，请依据配筋图（见图 12-1）、钢筋配料单（见表 12-1）加工钢筋以备使用。要求如下：

（1）根据配筋图及配料单完成纵向受力筋的下料及弯曲。

（2）合理搭配使用钢筋，避免浪费。

（3）按《混凝土结构工程施工质量验收规范》（GB 5004—2002）施工并进行自检。

（4）每小组 5 名同学，施工及自检时间总共 2 h。

(5)完成后填写《钢筋加工检验批质量验收记录表》。

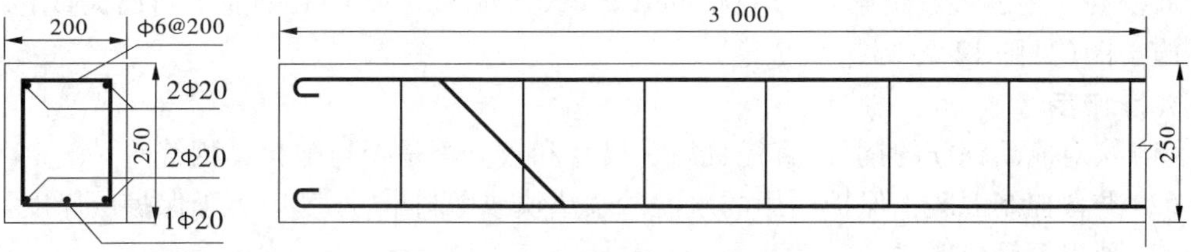


图 12-1　现浇钢筋混凝土梁配筋图

表 12-1　现浇钢筋混凝土梁钢筋配料单

| 钢筋编号 | 简图 | 直径(mm) | 下料长度(mm) | 根数 |
|---|---|---|---|---|
| 1 |   | 20 | 3 200 | 4 |
| 2 | 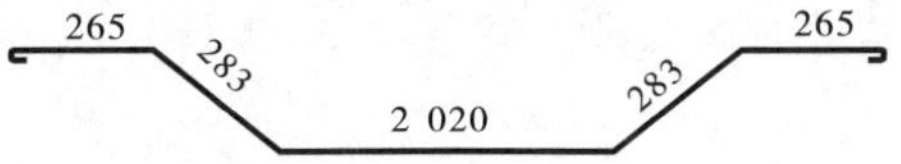  | 20 | 3 366 | 1 |
| 3 | 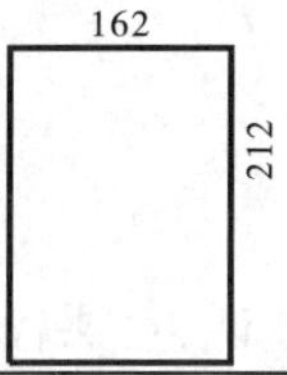  | 6 | 868 | 16 |

**3. 操作步骤**

(1)根据配筋图计算下料长度。

(2)钢筋切断。

①同规格钢筋根据不同长度搭配,统筹排料。

②断料时应避免用短尺量长料,宜在工作台上标出尺寸刻度线并设置控制断料尺寸用的挡板。

③安装刀片时,螺丝紧固,刀口要密合;固定刀片与冲切刀片口的距离。

④在切断过程中,当发现钢筋有劈裂、缩头或严重弯头等必须切除时,钢筋的断口不得有马蹄形或起弯等现象。

(3)钢筋弯曲。

①划线:钢筋弯曲前,用石笔将各弯曲点位置画出。

②钢筋弯曲成型:钢筋在弯曲机上成型时,心轴直径应是钢筋直径的 2.5～5.0 倍,成型轴宜加偏心轴套,以便适应不同直径的钢筋弯曲需要。

## (三)钢筋笼绑扎

**1. 实训目的**

练习钢筋绑扎。

**2. 实训内容及要求**

欲现浇一钢筋混凝土梁,长 3 000 mm,宽 200 mm,高 250 mm,钢筋下料已完成,要求依据施工图(见图 12-1)绑扎钢筋笼。

**3. 操作步骤**

(1)核对成品钢筋的钢号、直径、形状、尺寸和数量等是否与配料单相符。

(2)准备控制混凝土保护层用的水泥砂浆垫块或塑料卡,厚度应等于保护层厚度。

(3)画出钢筋位置线。

(4)钢筋的交叉点应采用 20 ~ 22 号铁丝绑扎,绑扎不仅要牢固可靠,而且铁丝长度要适宜。

(5)板和墙的钢筋网,除靠近外围两行钢筋的交叉点全部扎牢外,中间部分交叉点可间隔交错绑扎,但必须保证受力钢筋不产生位置偏移;对双向受力钢筋,必须全部绑扎牢固。

(6)梁和柱的箍筋,除设计有特殊要求外,应与受力钢筋垂直设置;箍筋弯钩叠合处,应沿受力钢筋方向错开设置。

## 二、施工实习

### (一)实习目的

水利工程施工是理论性与实践性紧密结合的专业课,在课程结束后,安排 3 ~ 4 周的施工实习,通过施工实习,使学生了解水工建筑物的构造、结构体系,了解某些新结构、新施工工艺、新材料和现代化管理方法;加深对水利工程的单位或分部工程的施工技术与施工组织管理等内容的理解,巩固所学知识,增强感性认识。通过实习,提高学生分析和解决问题的综合能力;培养学生热爱劳动、热爱水利、献身水利的思想,熟悉并掌握一般中小型水利工程的基建程序和施工方法,为今后参加工作打下良好基础。

### (二)实习内容

(1)看懂实习工程对象的建筑、结构施工图,了解工程的性质、规模、生产工艺过程、结构形式与构造尺寸、地基与基础特点等,提出个人的见解。

(2)参加单位工程或分部工程的施工组织管理工作(完成下列的 1 ~ 2 项)。

①参与拟订施工方案(土方工程和基础工程施工方法、主体施工方法及施工技术措施等),并独立完成部分工作。当已有施工方案时,可通过熟悉方案并结合现场实践提出个人见解。

②参与编制工程施工进度计划或施工平面图,当已有此两种资料时,可通过了解编制方法、执行情况和现场管理等提出个人见解。

③完成单项作业工作(模板配板拼装、土方工程施工设计、钢筋混凝土基础施工、构件预制与安装工程施工等)。

④参加施工项目管理实施规划的拟订。

(3)学习1~2个主要工种工程的施工方法、操作要点、主要机具设备及用途、质量要求以及本人提出的合理化建议及设想等。

①土工。土方工程挖运、填、压等施工过程,施工方法及质量检查,介绍所用的一、两种施工机械的性能与选择。

②砖石工。砖石工的适用条件、砌筑方法、基本原则,并结合本地情况了解浆砌石施工方法及技术控制措施。

③模板工。模板的形式、构造、支撑方法、模板的安装与拆除,以及所见到新型模板工作原理等。

④混凝土工。骨料加工(破碎、筛分、冲洗)、混凝土拌和、运输、浇筑、振捣施工中的基本要求、质量控制的特点及适用条件。

⑤钢筋工。钢筋加工工艺过程,钢筋安设要求及质量控制等。

(4)了解施工单位的组织管理系统、各部门的职能和相互关系,了解施工项目经理部的组成,了解各级技术人员的职责与业务范围。

(5)了解新技术、新工艺、新材料及现代施工管理方法等的应用,了解施工与管理的新规范。

(6)参与现场组织的图纸会审、技术交流、学术讨论会、工作例会、技术革新、现场的质量检查与安全管理等。

(7)了解在施工项目管理中各方(业主、承包商、监理单位)的职责。

(8)参与工地工程质量检查工作,熟悉工程质量检查的内容,掌握该工程质量检查方法、评定标准。

### (三)实习要求及注意事项

(1)实习期间,要听从工地施工技术人员的指挥,不得任意行动,尊重工地技术人员和工人师傅。

(2)实习期间请假不得超过2天,严格完成实习任务。

(3)严格遵守实习工地的一切规章制度和要求,并要参加具体工作以培养实际工作能力。

(4)实习期间应加强对学生的安全教育、职业道德教育、集体主义教育和专业教育。

(5)参加实习的学生必须按照实习大纲的要求,在实习指导教师的指导下全面完成实习任务。熟悉相关工作的操作工艺。

(6)实习期间学生应厉行节约不得浪费建筑材料,不得损坏施工工具和设备。

(7)要求学生在实习期间认真写好实习日记,根据实习内容,用文字、图表等简明地进行记述,做好资料积累工作,对工程参观、工作例会、听课、专题报告、现场教学、施工操作要领、技术调查及实习中的收获与体会等亦应及时写入实习日记中,为写实习报告积累素材。

(8)实习结束时,写出实习报告,要求内容充分,文体得当,字迹工整,图文并茂,按时完成。实习报告内容不少于1万字,并要求由实习单位对实习情况予以鉴定盖章。

(9)学生擅自不参加实习的或实习期间缺勤超过规定时间的1/3的,除按学院考勤规定处理外，本次实习不计成绩。

## （四）实习组织与实习指导

施工实习的组织形式主要有集中实习和分散实习两种。

（1）集中实习：由学院组织实习队，委派带队教师带领学生到事先联系好的实习单位，学生服从分配，积极主动地到所派遣工地进行实习，到工地后应尽快了解所在实习单位的组织结构及工程情况，主动找实习指导人联系，服从指导人的安排，为圆满地完成实习任务而努力工作。

（2）分散实习：由学生自己联系实习单位。实习学生在联系好实习单位后及时将联系实习回执寄给水利工程系办公室，经审核同意后方可进行实习；学生进入实习工地后，在现场实习指导人（工地上具有一定职称技术管理人员）的指导下，根据实习大纲要求和实习项目的特点制订实习计划；在实习期间，学生应与指导人经常保持联系，并按照计划完成生产实习的各部分实习内容，记录实习日记，自觉遵守实习纪律和有关规章制度，接受日常实习考评，在实习生较集中的城市，学院委派教师进行期间检查和指导。实习结束后，应认真整理和完成有关实习成果，并接受实习答辩。

实习单位应选择有一定施工水平和技术能力的施工企业，结合以后就业方向可以选择设计单位、业主单位和工程监理单位作为实习单位。实习对象应选择中型的水利工程或工业与民用建筑工程，其结构类型应以钢筋混凝土结构为主。所选项目，应尽可能在工程施工高峰时期。实习单位应具备中级以上技术职称施工技术与管理人员。

对于采用分散实习方式进行生产实习的学生事先要有联系实习回执，在回执中应有实习工地的选择情况，包括实习的地点、实习项目、实习时间、工程形象进度情况、工地实习指导人概况等，需报告学院教学办公室，经审查批准后方可进行实习。

无论选择哪种实习方式，实习学生都要以基层技术人员助手的身份参与现场施工和管理工作，协助技术人员做好日常的技术与管理工作，最关键的一点就是要与技术人员、工人师傅建立良好的师生关系，互相经常交流思想，虚心学习，工作上积极主动配合，尊重实习指导人的指导和安排。只有虚心实习、踏实肯干、遵守纪律，才会站稳脚跟，学到书本上学不到的东西，圆满地完成生产实习任务，否则将一事无成。

一进入实习工地，就要对整个工程及工地的基本情况有所了解，抓紧时间看懂工程结构施工图，了解工程的类型、结构型式、工程的规模、生产工艺过程、地基与基础的特点等，了解工程的进度情况、技术力量的配备及工人的素质，了解目前工程中存在的主要问题及准备采取的方案措施。通过看施工图，现场调查，与工人及技术人员交谈等方式，对工程有一个基本的认知，即知道工程已完成了哪些任务，还有哪些任务要完成，你自己准备去参加哪些工作。

## （五）成绩评定

### 1. 实习成绩划分

实习结束后，提交实习报告、实习日记各一份，成绩按优、良、中、及格、不及格五级标准评定。从以下几个方面考核：

| | |
|---|---|
| 所在实习单位的鉴定意见(盖章有效) | 15% |
| 实习期间的表现 | 30% |
| 实习笔记、日记、实习报告 | 25% |
| 实习答辩 | 30% |

评定结果按优、良、中、及格、不及格五级计分,对其中一项不合格者,一律按不及格论。

学生实习成绩按下列标准进行评定。

**2. 实习成绩评价标准**

(1)评为"优"的标准。

①实习报告内容完整,有1~2个主要工种工程施工全过程的书面总结,有施工组织设计文件拟订或执行情况的调查或现场生产管理调查报告,有对实习内容的认识和体会;

②实习期间表现好;

③实习日记完整、记录清楚真实;

④答辩问题有90%以上正确。

(2)评为"良"的标准。

①实习日记完整、记录清楚;

②实习报告内容基本完整,有1~2个工种工程施工全过程的书面总结,有对实习内容的认识和体会;

③实习期间表现好;

④答辩问题有80%正确。

(3)评为"中"的标准。

①实习日记完整、记录清楚;

②实习报告内容基本完整,有1~2个工种工程施工全过程的书面总结,有对实习内容的认识和体会;

③实习期间表现好;

④答辩问题有70%正确。

(4)评为"及格"的标准。

①实习日记较完整、记录较清楚;

②实习报告内容基本完整,有1~2个工种工程施工全过程的书面总结,有对实习内容的认识和体会;

③实习期间表现较好;

④答辩问题有60%正确。

(5)具有下列情况之一者定为"不及格"

①实习日记不完整,缺少1/3以上的实习日记或者无实习报告,不能参加答辩以不及格处理;

②实习期间表现较差;

③在生产实习中严重违纪和弄虚作假,抄袭他人实习成果的学生,不予答辩,并以不及格论处;

④答辩问题有50%以上不正确,经答辩小组研究不能通过者。

### (六)实习报告要求

实习报告按统一格式编写,包括封面、目录、正文、参考文献、附录等。正文可参考以下内容编写。

**1. 实习目的**

本部分内容要求言简意赅,点明主题。

**2. 实习单位介绍**

本部分要求详略得当,重点对实习岗位进行介绍。

**3. 实习内容及过程**

本部分内容是整个实习报告的重点,要求篇幅不少于1万字。内容翔实,层次分明;侧重实际动手能力和技能的培养、锻炼与提高,但切忌日记体或记账式的简单罗列。

(1)概述:主要写清实习地点、实习内容、工程项目及目的要求。

(2)实习工程的概况:主要包括工程位置、兴建缘由、主要建筑物的结构型式(绘出平、立、剖面图加以说明)、工程造价、主要工种工程的工程量及施工方法、施工单位的管理机构和组织系统等。

(3)施工组织设计及执行情况:主要应包括施工导截流、施工总体布置、施工进度计划安排、施工预算等。

(4)建筑物及工种施工技术:主要应包括施工程序、施工方法、施工过程、施工机械等内容。

(5)施工组织设计与施工管理情况。

(6)施工放样实地测绘情况。

**4. 实习总结及体会**

要求条理清楚,逻辑性强;着重写出自己对实习内容的总结、体会和感受,特别是自己所学的专业理论知识与实践的差距和今后应努力的方向。

**5. 实习报告编排要求**

(1)实习报告排版打印,纸张统一用A4(21 cm×29.7 cm)。

(2)标题用小二号黑体加粗,正文用四号宋体。行距固定值20磅。

(3)页面:上边距2.5 cm,下边距2.5 cm,左边距3 cm,右边距2 cm。

(4)正文中所有非汉字均采用Times New Roman体。

(5)实习报告页码从正文页面算起。页码选用小五号粗黑宋体并居中。

## 三、施工组织设计综合实训

### (一)实训目的

施工组织设计是施工中的重要技能,在课程结束后安排1~2周的课程设计,通过课程设计,可达到如下目的:

(1)使学生系统地巩固、加深、扩大本课程及本专业所学的主要专业课内容。

(2)锻炼并培养学生独立动手和解决实际问题的能力。

(3)使学生掌握施工组织设计的编制方法。

(4)锻炼学生计算能力和编制施工组织设计文件的能力。

## (二)实训要求

(1)学生应严肃对待设计资料,不得自行增减或修改。

(2)每个学生应独立完成,对抄袭、代做等行为除严肃批评外,该设计以不及格论。

(3)学生应充分发挥自己独立工作的能力,有自己独创的见解。

## (三)实训成果

设计结束,学生应提交施工组织设计文件一份,按规定格式排版打印,字数不少于2万字。施工总体布置图和施工进度计划表一张,要求图面清洁,布置合理。

## (四)实训资料

**1. 黄埠拦河闸施工组织设计**

1)工程概况

黄埠拦河闸位于山东省沂南县张庄镇黄埠村东汶河上,张庄、高里、砖埠三乡镇内。闸址以上流域面积2 410 $km^2$,其中闸址以上、岸堤水库以下的区间流域面积为720 $km^2$,该处河道比降 $i=1/900$。

流域的多年平均降水量884.5 mm,6~9月降雨量635 mm,降水年内变化大,所以径流量随季节的变化也很大。

闸址处河道横断面右岸岩石覆盖层较浅,为节理较多的灰岩;河道左岸岩石覆盖层较深,岩石为页岩与灰岩互层。河床岩石覆盖层右岸为中粗砂,左岸为细砂,河道左岸滩地为亚黏土。

2)工程设计方案

本拦河闸工程由三部分组成:冲砂闸、泄水闸、交通桥。

(1)冲砂闸。

冲砂闸布置在河床右岸,闸室为分离式平底板,底板高程99.00 m,闸室长11 m,底板厚1.2 m,底板顶面为0.3 m,C20钢筋混凝土护面,下部为0.9 m厚M7.5浆砌块石,底板下设0.2 m厚碎石垫层,底板首、末端均设深0.8 m齿墙,中墩厚1.4 m,缝墩厚2.22 m,边墩为U形桥台。闸室工作闸门采用提升式平面钢闸门,5扇6 m×3.5 m,配合5台2×8 t固定卷扬式启闭机。在闸室上游设机架桥,桥面宽3.6 m,桥面高程110.80 m,并设有装配式钢筋混凝土启闭机房;下游设交通桥,桥面净宽4.5 m,为净跨6.0 m钢筋混凝土矩形板桥,桥面中心高程106.20 m,交通桥按汽-15级设计。

上游连接段采用C15钢筋混凝土铺盖,厚0.4 m,下设C10混凝土垫层,厚0.1 m,长15.0 m,顶高程98.5 m,铺盖前端设2.5 m深齿墙,右岸采用浆砌石翼墙,墙上设C20钢筋混凝土栏杆。

下游连接段由消力池、海漫、防冲槽、导流墙及护岸组成。消力池采用M7.5浆砌块石,由1.0 m水平段与闸室底板相连接,然后以1∶3坡与水平段衔接,斜坡段长4.5 m,厚0.8 m,水平段长12 m,厚6 m,池深1.0 m,池底高程97.5 m;护坦下设0.2 m厚碎石垫层,消力池水平段下设0.6 m厚反滤层,排水管同冲砂闸。消力坎为C15钢筋混凝土,宽0.8 m,深2.2 m,坎顶高程98.5 m。海漫由M7.5浆砌块石海漫与C15钢筋混凝土梁格干砌块石海漫两部分组成,全长44.2 m,前端为14.2 m浆砌块石水平段,厚0.9 m,然后以1∶10比降伸向下游,长20 m,为C15钢筋混凝土梁桥,其内砌筑干砌块石,厚0.4 m。海漫下设0.2 m厚碎石垫层。防冲槽采用铅丝笼抛块石,深1.5 m,宽6.0 m,其顶高程为97.00 m,以1∶5倒坡与下游河床连接。导流墙冲砂闸与泄水闸之间设导流墙,采用M7.5浆砌块石。拦河闸右岸采用重力式挡土墙及浆砌块石护坡,两者用扭曲面连接。重力式挡土墙长25.5 m,采用M7.5浆砌料石镶面,M5浆砌块石填腹;浆砌块石护坡长60 m,施工中每隔30 m设伸缩缝一道。扭曲面护岸长20 m,为M7.5浆砌料石镶面,M5浆砌块石填腹,墙顶高程104.5 m,扭曲面向下游扩散角为7°;护岸挡土墙后回填中粗砂,需分层夯实,相对密度不小于0.67,挡土墙后设排水孔,为$\phi$8 cm排水竹管,间距2.0 m呈梅花状布置,排水孔底部做反滤层厚0.45 m,施工中要严格按设计要求施工,保证排水孔排水畅通。

(2)泄水闸。

泄水闸采用6 m×2.5 m预制钢筋混凝土渐开式水力自动翻板闸门,共30孔,净宽180.0 m,总宽207.71 m。

闸室段闸底板采用分离式平底板,底板顶面高程99.50 m。闸室长8.4 m,底板厚1.0 m,底板表层为0.3 m厚现浇钢筋混凝土护面,下部为0.7 m厚M7.5浆砌块石,底板下设0.2 m厚碎石垫层,底板首末端均设有0.6 m深齿墙;中墩厚1.2 m,为M7.5浆砌料石砌筑;边墩为顶宽0.9 m U形桥面,采用M7.5浆砌料面镶面,M7.5浆砌块石填腹砌筑,并采用M10水泥砂浆勾缝,以减小侧墙绕渗量;隔墩厚0.6 m,长4.0 m,为M7.5浆砌料石砌筑。闸墩上设有15孔净跨12.6 m C20钢筋混凝土T形梁桥,桥面净宽4.5 m,桥面中心线高程106.20 m。交通桥按汽-15级设计。

上游连接段为黏土铺盖,黏土铺盖前段厚0.8 m,末端厚1.15 m,铺盖长12.9 m,黏土铺盖上面设0.3 m厚M7.5浆砌块石护面,黏土铺盖前端设2.0 m深7.5浆砌块石齿墙,黏土铺盖以坡比1∶20斜坡与闸底板相连接。

下游连接段消力池采用M7.5浆砌块石,由1.0 m水平段与闸室底板相连接,然后以1∶3坡与水平段衔接,斜坡段长3.4 m,厚0.8 m,水平段长10 m,厚0.6 m,池深0.8 m,池底高程98.2 m;护坦下设0.2 m厚碎石垫层,消力池水平段下设0.6 m厚反滤层,排水管同冲砂闸。消力坎为C15钢筋混凝土,宽0.8 m,深2.2 m,坎顶高程99.00 m。海漫由M7.5浆砌块石海漫与C15钢筋混凝土梁格干砌块石海漫两部分组成。海漫全长29.2 m,前端为9.2 m M7.5浆砌块石水平段,厚0.5 m,然后以1/10比降伸向下游,长20.0 m,其内砌筑干砌块石,厚0.4 m。海漫下设0.2 m厚碎石垫层。

防冲槽采用铅丝笼抛块石,深1.5 m,宽6.0 m,防冲槽顶面高程为97.00 m,以1∶5倒坡与下游河床连接。

3)施工条件

(1)水文气象条件。

根据临沂地区气象局统计资料,黄埠拦河闸闸址多年平均气温、降雨天数、降雨量如表12-2所示。

表12-2 黄埠拦河水文气象表

| 月份 | 平均气温(℃) | 降雨天数(d) | 多年平均降雨量(mm) |
|---|---|---|---|
| 1 | -2.2 | 3 | 14.7 |
| 2 | -0.1 | 4 | 18.8 |
| 3 | 4.9 | 5 | 33.1 |
| 4 | 12.3 | 8 | 44.6 |
| 5 | 19.9 | 7 | 50.8 |
| 6 | 23.8 | 9 | 140.3 |
| 7 | 25.9 | 15 | 256.0 |
| 8 | 26.2 | 12 | 155.5 |
| 9 | 21.1 | 9 | 83.2 |
| 10 | 14.3 | 6 | 30.4 |
| 11 | 7.0 | 5 | 36.3 |
| 12 | -0.1 | 4 | 20.8 |
| 全年 | 1.0 | 87 | 884.5 |

从表12-2可以看出:

①降雨天数和降雨量主要集中在6~9月,雨频且量大。

②月平均气温在0℃以下的月份为12月、1月、2月3个月。

根据以上资料:12月至翌年2月气温较低,各月平均气温分别为-0.1℃、-2.2℃、-0.1℃,根据我省有关规定12月至翌年3月3日为冬季施工期,该期间混凝土工程和浆砌石应采取冬季施工措施。除加强保温措施外,亦应考虑在混凝土及砂浆拌和过程中添加适量混凝土添加剂,以增强其抗冻性能。

年平均降雨天数为87 d,其中6~9月为45 d,占51.7%;多年平均降雨量为884.5 mm,其中6~9月为635 mm,占71.79%,6~9月汛期期间应加强雨季施工措施,注意物料防潮、防湿及施工导流安全。

(2)水文地质条件。

闸北处河流冲积层平均厚度约为8.0 m。为细砂和砾质粗砂。砂层下面为石灰岩。地下水除由降雨补给外,亦与河水互补。当河水位高于地下水位时,由河水补给。枯水期则由地下水补给河水。闸址处多年平均枯水位99.2 m左右。

(3)交通条件。

闸址紧靠黄埠村北的东汶河,右岸交通可由北黄埠村接张王镇至砖埠乡间公路,左岸交道可由工地至薛家圈修临时公路2 km。

(4)水源条件。

闸址处有较厚中粗砂覆盖层,地下水含量丰富,埋深较浅,开采便利,水质良好,是较理想的施工和生活用水。

(5)供电条件。

黄埠拦河闸毗邻北黄埠村,施工用电可联网使用。

(6)建筑材料。

闸址处河砂丰富,蕴藏量大,杂质及软弱颗粒含量少,为良好的建筑材料。石料可由沂南县孙前峪石料场供应,运距 10~20 km;黏土场由北沿汶河供应,运距 6 km 左右。

4)设计图纸及地形图(略)

**2. 沂沭泗河洪水东调南下续建工程南四湖湖东堤工程施工组织设计**

1)工程概况

沂沭泗河洪水东调南下续建工程南四湖湖东堤工程位于南四湖东侧,北起济宁市石佛村村南老运河东堤,南至韩庄镇老运河北堤,全长约 124 km,本次续建工程长度为 59.121 km。工程建设的主要任务是修建湖东大堤,构筑湖东地区防洪屏障,加固入湖支流回水段堤防,兴建滨湖封闭区内的排灌工程。

堤防采用黏土、壤土均质土堤堤型,堤顶预留沉降量取堤身高度的 3%~8%,该段新筑堤平均设计堤高为 5.0~6.0 m,预留沉降量为 0.3 m。堤顶宽度采用 6.0 m。在堤防迎水坡和背水坡上每隔 100 m 设置一竖向排水沟,两侧交错不止,排水沟采用 M10 浆砌块石结构,沟宽 0.3 m,沟深 0.2 m,自堤顶向下布置至堤脚外 2 m。

本合同段工程主要为 4+670 至 5+714 干堤及附属设施,岗头河闸土建工程。

2)工程等别

湖东堤工程等别 2 等,工程规模为大(Ⅱ)型,湖东堤堤防为 2 级。水闸主要建筑物级别为 2 级,闸上交通桥汽车荷载等级为公路等级Ⅱ级。

3)工程地貌、地质

湖东堤穿越的地形总体比较开阔,地势由北向南逐渐降低,二级坝以北地区地面高程一般为 33.6~34.8 m,以南地区地面高程一般为 32.4~33.3 m;青山一带为低山丘陵区,地面高程达 35.8 m。

堤基地质为淤泥质砂壤土、砂壤土、粉细砂及粒质粗砂层。

4)水文气象

工程区域为北温带季风型大陆性气候,四季分明,春季多风干旱,夏季温湿多雨,秋季天高气爽,冬季寒冷干燥,形成春旱、夏涝、晚秋又旱的自然特点。多年平均降雨量为 775.7 mm,最大 1 393 mm,最小 515 mm,汛期降水占全年降水量的 70% 左右。

该区冬夏温差较大,6~8 月气温较高,12 月至翌年 2 月气温较低,年平均气温 13.7 ℃,极端最高、最低气温分别为 40.5 ℃和 -22.3 ℃。

堤防工程除去汛期、冰冻、多雨天等不易施工外,全年施工的天数约为 180 d。建筑物工程年有效施工天数为 230 d。

5)天然建材

(1)筑堤土方。

湖东堤堤防加固本着就地取土、堤内(河内)取土的原则,依据设计要求干堤筑堤土料场布置在堤内,距堤内脚30 m范围外的湖内,支堤加固所需土料,在河内取土,在距支堤内脚20 m范围外的河道漫滩内取土。

(2)块石料。

湖东堤工程东石佛—青山段堤防及建筑物所用块石料来自嘉祥的马集镇和微山县两城镇石料场;其余来自滕州市的木石镇、官桥镇、柴胡店镇石料场。以上石料场依属硬质岩石。作为块石料其储量和质量均能满足工程需要。

(3)粗骨料。

粗骨料场位于滕州市的木石镇、官桥镇、柴胡店镇、微山县两城镇、嘉祥的马集镇,料源充足,交通方便,质量满足规范要求。

(4)细骨料。

料场位于滕州市鲍沟镇和马河水库上游,主要为河道沉积的粒质粗砂,料源丰富,交通方便,质量满足规范要求。湖区内砂不许开采。

6)对外交通

本工程对外修筑了临时道路,现场大堤可作为场内交通道路,但施工期间大堤中断,根据地形和施工需要,可在堤后工程管理范围内顺堤向修筑场内运输道路,作为区段内各建筑物之间以及大堤施工段内连接路。各取土料场至大堤之间每200 m左右垂直于大堤修筑一条土料运输专用路,料场紧邻大堤段修筑上坡坡道和填筑料场至大堤间的沟渠。

7)工期要求

本工程合同要求工期一年。

8)工程图纸与地形图(略)

## (五)设计指导

以黄埠拦河闸施工组织设计为例。

**1. 基础资料分析**

1)熟悉设计资料

首先要熟悉设计资料,明确本次设计的任务,对工程有全面的了解。包括工程基本情况、等级、工程地质、水文地质、建筑材料供应情况、对外交通情况等。

2)工日分析

工日分析是计算施工强度和论证施工进度的依据。如已论证施工强度过大而工期不能改变,可以采用雨季或冬夏季施工措施,增加施工天数,减小施工强度,以保证计划实现。

分析按下式进行:

月有效工日 = 日历天数 - 因雨雪、气温不能施工天数 - 其他原因停工天数

**2. 施工导流**

1)导流标准

导流标准是进行施工导流计算,确定导流建筑物尺寸和建筑设计的依据。导流标准的高低,关系到工程和下游人民生命财产及工农业生产的安全,也关系到工程造价和工期。可依据《水利水电施工组织设计规范》来进行确定。本工程施工导流围堰设计洪水

标准为 10 年一遇(在施工期内)。

2)施工导流洪水计算

河道上游主要为降雨径流,根据傅旺庄站和黄埠拦河闸的洪水资料的相关关系,由施工期(9 月 30 日至翌年 5 月 31 日)洪水资料,利用经验频率公式 $P=M/(n+1)\times100\%$ 计算,点绘经验频率关系曲线,由图中查出 10 年一遇的洪峰流量 $Q=165\ m^3/s$,以此设计导流建筑物。

3)施工导流方案

施工导流方案对工程工期、造价都有较大影响,在此特拟订下面两个方案进行比较。施工导流方案一为分段导流方案,方案二为全段导流方案。

其主要技术及经济指标和方案优缺点见表 12-3。通过比较,方案一即分段导流方案具有较佳的经济技术指标,为选定方案。

**表 12-3 施工导流方案比较**

| 方案一主要技术、经济指标 | 方案二主要技术、经济指标 |
|---|---|
| 导流流量 $Q=165\ m^3/s$,围堰顶高程 $G=101.5$ m,围堰长度 $L=680$ m,工程量 1.46 万 $m^3$,投资 12.94 万元<br>优点:不需挖导流沟,工程量小<br>缺点:需建导流堤,增加了围堰工程量 | 导流流量 $Q=165\ m^3/s$,围堰顶高程 $G=101.5$ m,围堰长度 $L=450$ m,工程量 5.40 万 $m^3$,投资 14.00 万元,导流沟长度 $L=180$ m,导流沟宽度 $B=60$ m<br>优点:上下游围堰一次筑成,不需建导流堤,围堰工程量小<br>缺点:需开挖导流沟,加大工程量,延长施工长度 |

4)围堰及导流堤设计

围堰顶高程由 10 年一遇设计流量时的上游水位和安全超高确定。发生设计洪水时的上游水位即为围堰拦洪水位。考虑到围堰及导流堤兼作场内临时道路,堰(堤)顶宽度为 7.0 m,导流围堰上游洪水位 100.0 m,其围堰顶高程按 101.5 m 设计,迎水坡 1:2.0,背水坡 1:1.5,迎水坡草袋装砂护坡。

根据《碾压式土坝设计规范》(SDJ 218—84),坝顶超高按下式计算:

$$\Delta H = R + e + a$$

围堰及导流堤顶高程为:$\nabla = H + \Delta H$

超高,对于当地材料围堰可采用 0.7 m。

**3. 施工场地布置和临时建筑物**

施工场地布置和临时建筑物主要包括施工总体布置思想、布置原则、施工临时工程布置原则、施工给排水及导流、通信、动力、照明及施工道路、生产及生活设施。本部分内容参考《水利工程施工组织设计规范》结合拦河闸工程设计、施工条件等确定。

1)场内外交通

(1)场外交通:闸址紧靠北黄埠村北的东汶河上,右岸交道可由北黄埠村接张庄镇至砖埠乡间公路,左岸交道可由工地至薛家圈修临时公路 2 km,再由薛家圈接沂南县城至张庄镇乡间公路。

(2)场内交通:场内交通利用上下游围堰作为场内临时公路,路面宽 7.0 m。修筑工地至生活区、料场、加工场、预制场及施工现场临时道路 3 km。路面宽 4.5 m,采用天然砂砾路面。

2)施工供水

(1)供水量确定:施工用水包括生产用水、生活用水和消防用水三部分。

根据有关规定,浇筑混凝土全部用水每方按 1.5 $m^3$ 计,加上其他机械及生活用水。估算施工每小时用水量为 30 $m^3$。

(2)供水设施布置:第一期工程在闸址右岸设 10 t 水塔一座,水箱采用钢板焊制,在河槽围堰上游打一眼井抽水至水塔。第二期工程在闸址左岸设 10 t 水塔一座。选用 4BA 型水泵一台,上水管采用 4′钢管,引水干管采用 50 mm 钢管,由水塔引至围堰顶及各用水点,支管采用 32 mm 胶管。

工地临时房屋集中,均系简易草房,从防火角度,需设消防专线。主要物资、器材仓库、生活区附近增设蓄水池,以策安全。

3)施工供电

(1)供电电源及输电线路:本工程位于北黄埠村,施工用电可依靠电网供应。从北黄埠村架设 0.5 km 10 kV 输电线路至工地。场内架设低压线路 1.2 km,场内照明线路 1.8 km。

(2)用电负荷估算:施工高峰用电为清基抽水和闸室砌筑阶段。用电负荷估算见表 12-4。

表 12-4 用电负荷估算

| 序号 | 1 | 2 | 3 | 4 | 5 | 6 | 7 | 8 | 合计 |
|---|---|---|---|---|---|---|---|---|---|
| 用电名称 | 排水泵 | 供水泵 | 混凝土机械 | 砂浆拌和机械 | 钢筋加工机械 | 木工机械 | 其他 | 照明 | |
| 负荷(kW) | 60 | 7.5 | 15 | 15 | 40 | 10 | 10 | 10 | 167.5 |

变压器容量计算:

$$W = \frac{K \times P}{0.75}$$

经计算 $W = 276.5$ kVA,选用 315 kVA 变压器 1 台。

4)施工排水(本次设计暂只考虑初期排水时间)

(1)排水量计算。

本拦河闸工程分两期施工。第一期施工段长 100 m,第二期施工段长 150 m。采用明沟及集水坑相结合的明排方式,其排水量计算如下。

渗流量计算简图。

渗流量计算按《水工设计手册》第三册,第 215 页介绍的有限深透水地基的匀质土坝流量计算公式

$$q = q_0 + R_0 \frac{H_1 - H_2}{L + m_1 H_1 + 0.88T}$$

计算成果:(参考)

第一期:$q = 8.5\ m^3/(d \cdot m)$

第二期:$q = 20.68\ m^3/(d \cdot m)$

第一期围堰长度为 400 m,渗流量 $Q_1 = 3\ 400\ m^3/d$

第二期围堰长度为 500 m,渗流量 $Q_2 = 10\ 340\ m^3/d$

按上述渗流量选择抽水设备。

(2)抽水设备选择。

第一期工程:排水量 3 400 $m^3$/d,计算需要 3 台 4HB－25 型水泵,考虑场地布置需要,选用 3 台 4HB－25 型水泵。

第二期工程:排水量 10 340 $m^3$/d,需 4 台 4HB－25 型和 4 台 6HB－25 型水泵。

(3)排水明沟及集水坑布置(见图 12-2)。

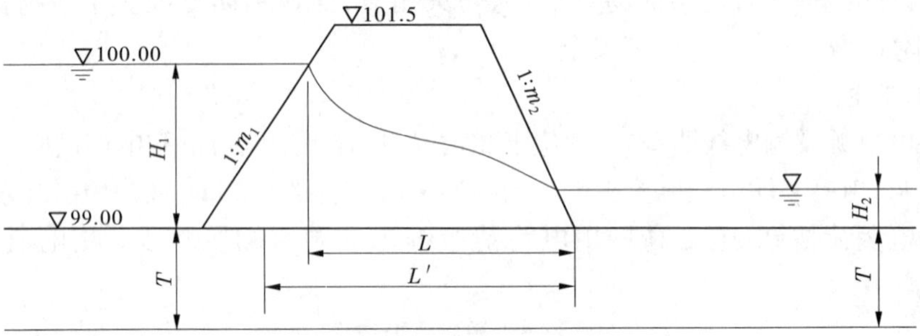


图 12-2　排水量计算简图

排水明沟及集水坑基本沿围堰内侧布设,排水明沟底低于基槽底面 0.5 m,集水坑低于排水沟 0.8 m,集水坑数量根据水泵数量确定。

5)临时房屋建筑

施工指挥部由 20 人组成,指挥部设在管理所院内。施工高峰人数民工 1 200 人,技工 200 人,共建临时用房 1 810 $m^2$,并建 400 $m^2$ 浆砌石水泥垛台。

6)混凝土拌和系统

混凝土及砂浆拌和站设在拦河闸左右岸台地上,以减少其场内运输距离。

(1)混凝土小时生产能力计算。

计算公式:

$$q = \frac{Q}{MN}K \tag{12-1}$$

计算得:$q = 8.7\ m^3/h$

(2)拌和机台数计算。

选用 400 L 自落式拌和机,定额台班产量 48 $m^3$,每小时产混凝土 $B = 6\ m^3$,则拌和机台数按下式计算:

$n = q/B = 8.7/6 = 1.45$,设 2 台 400 L 自落式混凝土拌和机。

另设 400 L 砂浆拌和机,供砌石之用。

对工程所需各项临时设施及施工辅助作业,合理确定其在平面图上的位置并画出施工平面布置图。

**4. 主要施工方案**

1)土方施工机械的选择与数量确定

(1)土方施工机械的选择。

选择施工方法首先要考虑工程的特点和机具的性能,其次要考虑施工单位所具有的条件和技术状况,最后还要考虑技术操作上的合理性。常用土方施工机械的适用性及可供选择的型号及规格,见表12-5。

**表12-5 常用土方施工机械的适用性及可供选择的型号及规格**

| 机械名称 | | 适用范围 | 可供选择的型号及规格 |
|---|---|---|---|
| 开挖机械 | 正向铲 | 用于开挖土、砂砾、石渣并装车 | $W_{100}$(1 $m^3$)$W_{200}$ $W_{400}$(4 $m^3$) |
| | 索式挖土机 | 用于开挖水下砂砾料 | 无 |
| | 装载机 | 开挖松散土料、砂、砾、石渣等并装车 | $Z_4$ − 3.5,斗容1.7 $m^3$<br>$Z_4$ − 5.0,斗容3.0 $m^3$ |
| | 轮斗式挖土机 | 开挖土料、砂砾料 | WUD400/700 $P_{理}$ = 400/700 |
| | 链斗式采砂船 | 开挖水下砂砾料 | 斗容150 L $P_{理}$ = 120 $m^3$/h<br>斗容400 L $P_{理}$ = 250 $m^3$/h |
| | 推土机 | 用于料场骨料、坝面平土 | 移山 − 80 $T_2$ − 120 |
| 运输机械 | 自卸汽车 | | 牌号 载重量 容积<br>黄河QD35 7 t 3.4 $m^3$<br>交通SH361 15 t 6 $m^3$<br>小松HD180 18 t 10.7 $m^3$<br>佩尔利尼T20 7 t 11.7 $m^3$ |
| | 皮带机 | 用于转运,运输土料、砂砾料 | |
| 压实机械 | 羊足碾 | 压实黏土 | $YT_2$ − 3.5 重3.5 t 加重6.5 t |
| | 气胎碾 | 压实黏土、砂砾等 | YZP14 自重13.5 t |
| | 振动碾 | 压砂性土、砂砾、石渣等 | $YT_3$ − 50 自重15 t 加重50 t |
| 钻孔机械 | 风动钻机 | 手持气腿钻,钻孔直径 $\phi$ = 34 ~ 43 mm<br>钻进深度4 m,重量28 t | 01 − 30手持风钻 |
| | 钻车 | 导轨式钻车,装有YG40凿岩机<br>钻孔直径 $\phi$ = 40 ~ 80 mm | CGJ15 − 3 |

(2)主要机械数量计算。

①确定机械的生产率。

机械生产率可采用定额指标或计算方法确定。

周期运行机械(单斗式挖掘机、装卸机、自卸汽车等)生产率计算式为

$$P = \frac{60 \times 8}{t} q K_v K_t K_p \quad (m^3/班) \tag{12-2}$$

式中：$q$ 为土斗或车箱几何容积，$m^3$；$K_v$ 为土斗或车箱的充盈系数（见表 12-6）；$K_t$ 为时间利用系数（见表 12-7）；$K_p$ 为体积换算系数（见表 12-8）；$t$ 为机械运行一次的循环时间：$t = t_{装} + t_{卸} + t_{运} + t_{空回}$，其中 $t_{运}$、$t_{空回}$ 随运距或偏转角而变，可以用下式求得：

$$t_{运} = t_{空回} = L / v \tag{12-3}$$

其中，$L$ 为转角或运距，$v$ 为转速或平均车速，对于自卸汽车采用 20 ~ 25 km/h。$t_{装}$、$t_{卸}$ 分别为装土或卸土时间，可以按经验确定，对于自卸汽车：

$$t_{装} = n / t' \tag{12-4}$$

其中，$n$ 为挖土机装满一车的斗数；$t'$ 为挖土机循环工作时间（见表 12-9）。

$t_{卸}$ 可取 1 ~ 25 min，包括调车、等待时间。

表 12-7 中，施工条件指地形、天气、施工工作面、地表排水、施工方法、程序、工程规模等；管理条件：计算管理好坏、操作人员水平、机械化等情况等；设计中的施工条件，管理水平均可选良好。

②机械数量计算。

机械数量按下式计算

$$N = \frac{Q_{大}}{nP} \tag{12-5}$$

式中：$Q_{大}$ 为各期最大施工强度，$m^3/d$；$n$ 为采用班制，1 ~ 2 班/d。

**表 12-6　挖机械的充盈系数**

| 机械名称 | 坚硬土 | 一般土壤 | 砂砾 | 石渣 | 石渣（含大石块） |
|---|---|---|---|---|---|
| 装载机 | | 1.0 ~ 1.1 | 0.9 ~ 1.0 | 0.7 ~ 0.8 | |
| 推土机 | 0.6 ~ 0.7 | 0.7 ~ 0.8 | 0.6 ~ 0.7 | 0.4 ~ 0.6 | |
| 铲运机 | | 0.7 ~ 1.0 | 0.5 ~ 0.9 | | |
| 挖土机 | 0.6 ~ 0.75 | 0.8 ~ 0.9 | 0.9 ~ 1.0 | 0.6 ~ 0.75 | 0.4 ~ 0.5 |

**表 12-7　施工机械时间利用系数**

| 施工条件 | 管理条件 | | | |
|---|---|---|---|---|
| | 优良 | 良好 | 中等 | 较差 |
| 优良 | 0.84 | 0.81 | 0.76 | 0.70 |
| 良好 | 0.78 | 0.75 | 0.71 | 0.65 |
| 中等 | 0.72 | 0.69 | 0.65 | 0.60 |
| 较差 | 0.63 | 0.61 | 0.57 | 0.52 |

表 12-8 土壤体积换算系数

| 土方类型 | 计算条件 | 自然方 | 松散方 | 压实方 |
|---|---|---|---|---|
| 黏土 | 压实方 | 1.11 | 1.41 | 1.00 |
| 普通土 | 压实方 | 1.11 | 1.39 | 1.00 |
| 砂砾 | 压实方 | 1.05 | 1.18 | 1.00 |
| 爆破石渣 | 压实方 | 0.77 | 1.15 | 1.00 |

表 12-9 正向铲循环时间

| 土斗容量($m^3$) | 1 | 2 | 3 | 4 |
|---|---|---|---|---|
| 时间(s) | 16~28 | 18~28 | 18~28 | 20~30 |

注:1. 表中数据为理想作业条件下的循环时间(转角 90°,最优掌子高度)。选用时可根据实际情况选用修正,修正系数取 0.9~1.26。

2. 对易挖土取小值,对难挖土取大值。

③配套机械数量计算。

在机械化作业组织中,为充分发挥配套机械中主要机械的作用,必须使配备的次要机械生产率略大于主要机械的生产率。例如,对于推土机自卸汽车挖运方案,就应使正向铲在任何时间不致发生等待汽车的情况。为此应妥善选择与正向铲配合工作的自卸汽车容量和数量。

a. 汽车容量。

汽车容量的合理范围为 3~6 倍挖土机斗容,即

$$m = \frac{V'}{q} = 3 \sim 6 \tag{12-6}$$

式中:$m$ 为土斗数;$V'$为车箱容积;$q$ 为土斗容积。

汽车容量太大,汽车停时太长;太小,调车频繁,挖土机效率低。

b. 一台挖土机正常工作时,配合的车数 $n$,由下式确定:

$$n = \frac{t_{装} + \frac{2L}{V} + t_{卸}}{t_{装}} \tag{12-7}$$

式中:$t_{装}$ 为装车时间,可用下列式求得:

$$t_{装} = 挖土机的循环时间 \times 装满一车的装载次数 \tag{12-8}$$

2)拟定方法

拟定主要工程的施工方法、质量要求和控制,包括施工测量放样、土方工程、砌石工程、混凝土与钢筋混凝土工程、钢筋工程。

(1)基坑开挖。

土方开挖用人工开挖、单胶车运输;石方开挖人工打眼,浅层爆破,石渣为单胶车运输。

(2)回填及夯实。

黏土铺盖采用人工单胶车运土，人工分层夯实，严格控制含水量，达到设计要求。基础及挡土墙填土采用人工单胶车运土砂，人工夯实。导流围堰采用人工单胶车运土，履带拖拉机压实。

(3)砌石工程施工方法。

砌石工程采用机械拌和砂浆，人工安砌。本工程主体为砌石结构，工程量大，应分区分段组织好施工，以加快施工速度。

(4)混凝土工程施工方法。

混凝土工程施工采用机械拌和，电动振捣器振捣，混凝土养护方法，以人工洒水为主，辅以湿草覆盖，大型预制构件如机架桥、交通桥构件可采用扒杆吊装；翻板门构件、启闭机房配件等小型构件可采用轮船式汽车起重机吊装。

**5. 施工进度计划编制(以横道图为例)**

1)列出工程项目

工程项目的粗细程度与进度计划的内容范围相适应。按照施工的先后顺序和相互关系密切程度依次列表填明。如总进度计划中按照单项工程列项有准备工程、导流工程、拦河坝工程、溢洪道工程、引水工程、水电站、升压变电站、水库清理工程、结束工程等。

单项工程进度，以水闸为例有：①导流工程；②基坑开挖；③基础处理；④混凝土与钢筋混凝土工程；⑤砌石工程；⑥回填土工程；⑦闸门与启闭机的安装；⑧围堰的拆除等。

2)计算工程量

根据水利水电工程工程量计算规则计算各项目的工程量。

3)计算各项目的施工延续时间

(1)根据工程量，应用相应的定额资料，可以计算或估算各项目的施工延续时间 $t$。

$$t = \frac{V}{kmnN} \tag{12-9}$$

式中：$V$ 为项目工程量；$m$ 为日工作班数，实行一班制时 $m=1$；$n$ 为每班工作人数或机械设备台数；$N$ 为人工或机械台班产量定额；$k$ 为考虑不确定因素而计入的系数，$k<1$。

定额资料的选用，视工作深度而定。一般总进度计划可用概算定额或扩大指标，对单项工程进度计划用预算定额，对施工措施计划用施工定额或生产定额。

(2)采用三值估法：

$$t = \frac{t_a + 4t_m + t_b}{6} \tag{12-10}$$

$t_a$ 为最乐观的估计时间，即最紧凑的估计时间，或称项目的紧缩时间；$t_b$ 为最悲观的估计时间，即最松动的估算时间；$t_m$ 为最可能的估计时间。

4)分析各项目之间依从关系

项目之间的依从关系通常又称逻辑关系，取决于施工组织、施工技术等因素。

5)初拟施工进度

(1)绘制空白图表。

(2)将各项目按施工顺序填入工程名称栏。

(3)逐项填入计算工程量。

(4)按计算的各施工过程的延续时间,并根据施工过程之间的逻辑关系,安排施工进度日期。其具体做法是:按整个工程的开竣工日历,将日历填入表日程栏,然后即可按计算的延续时间用直线或绘有符号的直线绘进度图。

(5)绘劳动力安排曲线。

根据已确定的施工进度计划,可计算出各个施工项目每天所需的人工数,将同一时间内所有施工项目的人工数进行累加,绘出劳动安排曲线。

6)优化、调整

(1)施工工期。施工进度计划的工期应当符合上级或合同规定的工期,并尽可能短,否则需要调整:①通过改变工作的组织措施调整;②通过压缩关键工作的持续时间优化。

(2)劳动力消耗的均衡性。劳动力不均衡系数的值大于或等于1,一般不超过1.5,其值按下式计算:$K = R_{max}/R_{平均}$。

(3)劳动力均衡性的调整。

若所编制计划的工期不允许再延长,使劳动力需要量较为均衡,应通过调整工序的开工或完工日期。即"削峰填谷法"调整。

7)提出进度成果(略)

将优化后的进度线画在米格纸上。

**6. 整理设计说明书**

可参考以下格式和内容进行编写:

1 封面

2 前言:说明本次设计的目的、任务、内容等。

3 目录

4 正文

第1章 概述

1.1 编制依据

1.2 工程概况

1.3 任务与工期

第2章 施工导流

2.1 导流标准

2.2 施工导流洪水流量

2.3 施工导流方案

2.4 围堰及导流堤设计

第3章 施工条件分析

3.1 水文气象条件

3.2 水文地质条件

3.3 交通条件

3.4 水源条件

3.5 供电条件

3.6 建筑材料

第4章　施工场地布置和临时建筑
4.1　场内、外交通
4.2　施工供水
4.3　施工供电
4.4　施工排水
4.5　临时房屋建筑
4.6　混凝土拌和系统
第5章　主要施工方法
5.1　土方施工机械的选择与数量确定
5.2　主体工程施工方法
第6章　施工进度计划
第7章　施工机构
第8章　施工安全
第9章　体会和收获
参考文献

章标题三号黑体居中,节标题小三号黑体居中,文中一级标题小四号黑体,二级标题五号黑体,正文五号宋体。前言目录不编页码,页码从正文开始编号。A4纸张,电脑打印。

# 第十三单元 综合测试题

## 综合测试题一

一、单项选择题(每题1分,共20分)

1. 分段围堰法河床束窄程度在(  )。

A. 30% ~45%　　B. 40% ~70%　　C. 75% ~85%

2. 导流明渠的水面到基坑水面之间的最短距离应大于(  )倍的明渠水面与基坑水面之差。

A. 2.5 ~3.0　　B. 3.0 ~5.0　　C. 5.0 ~7.0

3. 预裂爆破就是要在开挖边线上形成一条足够宽度的裂缝,其目的是(  )。

A. 保护爆破区岩体免遭破坏

B. 保护爆破区岩体,以免能量损失

C. 削减爆破区的冲击波能量,保护保留区岩体免遭破坏

4. 选择定向爆破的作用指数,首先应满足(  )的要求。

A. 抛掷方向　　B. 抛掷距离　　C. 爆破的土石方量

5. 岩基灌浆使用最广泛的是(  )。

A. 水泥灌浆　　B. 水泥黏土灌浆　　C. 化学灌浆

6. 全孔一次灌浆多用于孔深不超过(  )的孔。

A. 6 m　　B. 8 m　　C. 10 m

7. 心墙坝或斜墙坝施工,坝面应向上游倾斜的坡度为(  )。

A. 1% ~2%　　B. 3% ~4%　　C. 4% ~5%

8. 骨料筛分的质量控制标准要求超径率不大于(  )。

A. 5%　　B. 10%　　C. 15%

9. 承重模板的跨度大于4 m时,设计起拱值一般可为跨长的(  )左右。

A. 0.1%　　B. 0.3%　　C. 0.5%

10. 混凝土卸料和转运自由跌落高差不超过(  )。

A. 1.5 m　　B. 2.0 m　　C. 2.5 m

11. 混凝土浇筑采用斜层法时,层面斜度不宜大于(  )。

A. 5°　　B. 10°　　C. 15°

12. 插入式振捣器的插入点应均匀排列,间距为(  )倍影响半径。

A. 1 ~1.5　　B. 1.5 ~2.0　　C. 2.0 ~2.5

13. 平硐采用全断面开挖的条件之一是围岩的牢固系数(　　)。

A. $f \geqslant 5 \sim 6$　　B. $f \geqslant 8 \sim 10$　　C. $f \geqslant 12 \sim 15$

14. 工程建设可行性研究是在(　　)阶段进行的。

A. 规划　　B. 设计　　C. 施工

15. 要缩短总工期,只有压缩(　　)的时间。

A. 关键项目　　B. 非关键项目　　C. 虚项目

16. 关键项目的总时差为(　　)。

A. 0　　B. 非 0　　C. 可为 0 或非 0

17. 在水利工程施工中,根据开挖的难易程度,将土壤分为(　　)级。

A. Ⅰ ~ Ⅲ　　B. Ⅰ ~ Ⅳ　　C. Ⅰ ~ Ⅴ

18. 混凝土浇筑中,当供料强度较大,浇筑仓面又较小,宜用(　　)。

A. 平层铺料法　　B. 斜层铺料法　　C. 阶梯铺料法

19. 浆砌石的砌筑程序是(　　)。

A. 角石－面石－腹石　　B. 角石－腹石－面石

C. 腹石－角石－面石

20. 大中型水闸门槽预埋件安装可采用的施工方法为(　　)。

A. 预埋法　　B. 与混凝土浇筑同步安装法

C. 留槽后浇法

二、多项选择题(每题 2 分,共 20 分,每题至少 2 个答案,多选少选不得分)

1. 以下哪些说法是错误的(　　)。

A. 全段围堰法导流,用明渠宣泄水流,适用于河谷狭窄、两岸陡峻的情况

B. 截流日期一般多选在枯水期末、流量最小的时刻

C. 底孔和坝体缺口导流只适用于全段围堰导流

D. 土石坝施工的导流时段应以全年为标准,并以导流标准规定的一定频率的年最大流量作为设计流量

2. 以下哪些是平堵法的优点(　　)。

A. 流速分布均匀

B. 宽流量大,出现最大流速大

C. 截流工作前线短,施工速度快

D. 软基可利用

3. 无限均匀介质的爆破作用原理阐述的基本假定是(　　)。

A. 药包是球形

B. 药包是放在无限介质中

C. 介质是均匀的各向同性

D. 一个临空面的平地爆破

4. 定向爆破药包布置主要考虑的因素有(　　)。

A. 充分利用天然凹岸,以利定向

B. 多采用多排多列药包

C. 同一高程上的药包沿坝轴线对称布置

D. 药包布置在安全前提下尽量提高抛掷上坝方量

E. 药包位于正常高水位以上大于垂直破坏半径，药包与坝肩的水平距离应大于水平破坏半径

5. 影响灌浆压力的因素有(　　)。

A. 孔深　　B. 岩层性质　　C. 灌浆段上有无压重

6. 以下哪些说法正确(　　)。

A. 帷幕灌浆的目的是减少坝基的渗流量、降低渗透压力，保证地基的渗透稳定

B. 固结灌浆的目的是加强坝体混凝土与岸坡或地基之间的结合能力，提高坝体的抗滑稳定性，同时提高岩基的固结强度和防渗性能

C. 灌浆的顺序是先固结后帷幕，同一灌浆有多排时是先下游后上游，再中间排

D. 固结灌浆应在水库蓄水前完成，通常都在基础灌浆廊道内进行

7. 土坝坝面作业内容包括(　　)。

A. 铺土　　B. 平土　　C. 压实　　D. 质量检查

8. 提高推土机生产效率的方法有(　　)。

A. 槽型开挖法　　B. 下坡推土法

C. 分段铲土，集中推运法　　D. 推土器两侧加焊挡板

9. 脚手架的作用为(　　)。

A. 上人施工操作　　B. 进行长距离运输

C. 堆放建筑材料　　D. 进行短距离水平运输

10. 钢筋现场冷加工的方法有(　　)。

A. 冷拉　　B. 冷轧　　C. 冷拔　　D. 冷塑

## 三、名词解释(每题 4 分，共 20 分)

1. 围堰：

2. 冷缝：

3. 灌浆：

4. 关键线路：

5. 土的可松性：

## 四、问答题(每题5分,共20分)

1. 对模板的基本要求是什么?

2. 试论述导流、截流、围堰与基坑排水之间的关系。

3. 如何选择地基处理的方法?

4. 施工组织设计有哪些主要内容?

## 五、计算题(每题10分,共20分)

1. 已知砂砾开挖强度为4 966.25 $m^3$/d。用1 $m^3$ 正铲挖土,10 t 自卸汽车运土。正铲挖装土的循环时间为26 s,土斗的充盈系数为1,土的松散影响系数为0.75。求所需挖掘机的台数。

2. 某工程双代号施工网络计划如图13-1所示,合同工期为23个月。

问题:

(1)该施工网络计划的计算工期为多少个月?

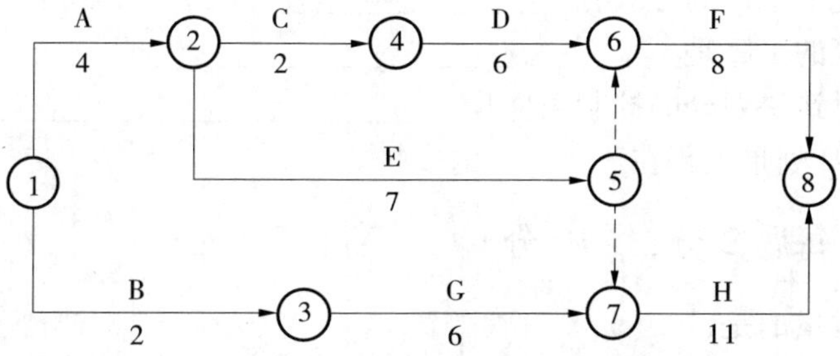


图 13-1　某工程双代号施工网络计划

(2)计算工作 B、C、G 的总时差和自由时差。

## 综合测试题二

一、名词解释(20 分,每题 4 分)

1. 自然倾角:

2. 爆破作用圈:

3. 施工缝:

4. 施工组织设计:

5. 导流标准:

二、填空题(20 分,每题 2 分)

1. 压实黏性土的压实参数包括________、________、________。

2. 爆破作用指数 $n$ 为________与________的比值。

3. 炸药在有限介质中爆破时,爆破作用受到________的影响。

4. 模板对混凝土的作用是________、________、________。

5. 灌浆压力的控制方法有________、________。

6. 炸药在有限介质中爆破时,爆破作用受到________、________、________、________的影响。

7. 人工降低地下水位的方法有________、________。
8. 混凝土浇筑的工序是________、________、________。
9. 水闸施工时筑块划分的控制条件是________、________、________。
10. 施工进度计划是工程在________的安排。

## 三、选择题(每题 2 分,共 10 分)

1. 钢筋下料时量的是(　　)。
　A. 外皮　B. 内皮　C. 中心线　D. 以上都不是
2. 模板表面不干净,会使混凝土产生(　　)。
　A. 麻面　B. 蜂窝　C. 空洞　D. 冷缝
3. 岩基灌浆使用最广泛的是(　　)。
　A. 黏土灌浆　B. 水泥灌浆　C. 化学灌浆　D. 沥青灌浆
4. 混凝土卸料和转运时自由下落高度不超过(　　)。
　A. 1.5 m　B. 2.0 m　C. 5 m　D. 3.0 m
5. 土坝料场(　　)规划是对料场平面位置、高程进行恰当选择,合理布置。
　A. 空间　B. 时间　C. 质量　D. 数量

## 四、问答题(每题 10 分,共 40 分)

1. 混凝土振捣的目的是什么? 振实的标准是什么?

2. 什么是导流方案? 影响其选择的因素有哪些?

3. 简述土坝坝面施工的流水作业法,并指出最佳状态,若不处于最佳状态应如何调整?

4. 简述施工进度计划的编制步骤。

## 五、计算题(10 分)

某工程各工作逻辑关系和延续时间如表 13-1 所示。

表 13-1 某工程各工作逻辑关系和延续时间

| 工作代号 | 紧前工作 | 紧后工作 | 持续时间(周) |
|---|---|---|---|
| A | — | C,D | 2 |
| B | — | C,D,E | 3 |
| C | A,B | F | 4 |
| D | A,B | F | 3 |
| E | B | F | 5 |
| F | C,D,E | — | 3 |

问题:

1. 绘制此工程的双代号网络图。

2. 计算双代号网络计划的时间参数和工期。

3. 该网络计划的关键线路由哪些工作组成?

# 综合测试题三

## 一、单项选择题(每小题 2 分,共 20 分)

1. 在水利工程施工中,根据开挖的难易程度,将土壤分为(　　)级。
   A. Ⅰ ~ Ⅲ　　B. Ⅰ ~ Ⅳ　　C. Ⅰ ~ Ⅴ　　D. Ⅰ ~ Ⅵ
2. 若药包埋设深度为 4 m,引爆后爆破漏斗底半径为 5 m,此类爆破属(　　)。
   A. 加强抛掷　　B. 标准抛掷　　C. 减弱抛掷　　D. 松动抛掷
3. 混凝土浇筑中,当供料强度较大,浇筑仓面又较小时,宜用(　　)。
   A. 平层铺料法　　B. 斜层铺料法　　C. 阶梯铺料法　　D. 斜缝分块法
4. 炸药在外部能量的激发下,引起爆炸反应的难易程度称为(　　)。
   A. 敏感度　　B. 安定性　　C. 稳定性　　D. 氧平衡
5. 具有较高的掌子面,土料含水量不大,可采用的挖掘机械为(　　)。
   A. 推土机　　B. 挖掘机　　C. 装载机　　D. 斗轮式挖掘机
6. 浆砌石的砌筑程序是(　　)。
   A. 角石—面石—腹石　　B. 角石—腹石—面石
   C. 腹石—角石—面石　　D. 面石—腹石—角石
7. 最常用的绑扎钢筋的方法为(　　)。
   A. 十字花扣法　　B. 兜扣法　　C. 缠扣法　　D. 一面顺扣法

8. 非承重模板的拆模时间应在混凝土强度达到(　　)时。

A. $15\times10^5$ Pa　　B. $20\times10^5$ Pa　　C. $25\times10^5$ Pa　　D. $30\times10^5$ Pa

9. 关于岩基灌浆下列说法正确的是(　　)。

A. 自上而下分段灌浆法适用于岩层较完整、裂隙少等地质条件好的岩层中

B. 灌浆过程从浓浆开始,而后逐渐变稀,直到结束

C. 灌浆压力越高,浆液扩散越远,所以灌浆压力越大越好

D. 整个钻孔灌浆结束后,要用水泥砂浆封孔

10. 影响坝体填筑强度的主要因素为(　　)。

A. 运输强度　　B. 开挖强度　　C. 汽车数量　　D. 施工工期

## 二、多项选择题(每小题3分,共30分)

1. 土方冬、雨季施工的措施有(　　)。

A. 翻松料场表土,可防止土料冻结

B. 冬季黏性土的含水量应略低于塑限

C. 冬季施工加大压实功能,采用重型碾压机械

D. 储备足够的含水量低的土料堆成“土牛”以备雨季使用

2. 脚手架的作用为(　　)。

A. 上人施工操作　　B. 进行长距离运输

C. 堆放建筑材料　　D. 进行短距离水平运输

E. 堆放混凝土构件

3. 工程上常用的起爆方法有(　　)。

A. 火雷管起爆法　　B. 电雷管起爆法

C. 导爆索起爆法　　D. 导爆管起爆法

E. 继爆管起爆法

4. 无限介质爆破作用原理的基本假定是(　　)。

A. 药包是球形　　B. 药包是放在无限介质中

C. 介质是均匀的各向同性　　D. 一个临空面的平地爆破

E. 爆破对地面没有影响

5. 钢筋电弧焊接头形式有(　　)。

A. 搭接焊　　B. 绑条焊

C. 坡口平焊　　D. 坡口立焊

E. 压力焊

6. 以下哪些是截流需要解决的问题(　　)。

A. 水文特征、水流变化规律、河床地形地质条件

B. 选择截流日期、截流设计流量　　C. 确定截流方法、设备

D. 选择截流戗堤轴线、龙口位置　　E. 导流建筑物的建设

7. 一般对初拟的施工进度进行检查的内容包括(　　)。

A. 施工顺序是否合理　　B. 工期是否满足要求

C. 资源供应是否均衡　　D. 场地布置是否合理
E. 施工强度是否均衡

8. 钢筋现场冷加工的方法有(　　)。
A. 冷拉　　B. 冷轧
C. 冷拔　　D. 冷塑
E. 冷脆

9. 水闸施工的主要内容有(　　)。
A. 闸室工程　　B. 上下游翼墙
C. 上下游护坡　　D. 铺盖海漫施工
E. 基坑排水

10. 模板拆除的程序是(　　)。
A. 先装的后拆　　B. 后装的先拆
C. 梁的模板先拆侧模后拆底模　　D. 混凝土表面质量要求高的先拆
E. 先拆承重模板后拆非承重模板

## 三、问答题(每题 6 分,共 30 分)

1. 分段围堰法导流的分段与分期各是何意义？两者有何区别？

2. 简述有限介质中的爆破机理。

3. 灌浆的顺序有哪些？各有何优缺点？各适用于何种条件？

4. 简述如何用压实试验确定黏性土的压实参数。

5. 混凝土浇筑包括哪些工序？

四、计算题（每题 10 分，共 20 分）

1. 某工程基槽四面放坡，边坡系数 0.33，深 1.3 m，底宽 2 m，基槽长为 750 m。该类土的 $K_S = 1.2$，$K'_S = 1.05$。槽内混凝土基础的体积为 1 000 $m^3$，基础施工后用原开挖土回填，待回填后，余土全部外运。（10 分）

问题：若用一辆可装 3 $m^3$ 土的汽车运输，每天运输 8 趟，试计算需要几天可运完余土？

2. 各工作之间的逻辑关系如表 13-2 所示。

表 13-2 各工作之间的逻辑关系

| 工作代码 | A | B | C | D | E | G | I | J | H | K |
|---|---|---|---|---|---|---|---|---|---|---|
| 紧前工作 | — | A | A | A | B | B,C,D | E,G | G,H | D | I,J |
| 工作历时(d) | 1 | 3 | 3 | 2 | 3 | 2 | 2 | 1 | 1 | 1 |

在第 5 天检查计划时，发现 A 已完工，B 已工作 1 d，C 已工作 2 d，D 尚未开始，分析计划执行情况。检查目前情况会不会影响总工期。

# 综合测试题四

## 一、单项选择题（每小题 1.5 分，共 30 分）

1. 场地平整宜优先考虑采用（　　）。

A. 推土机　　B. 挖掘机　　C. 装载机　　D. 拉铲

2. 系统锚杆的间距为锚固深度的（　　）。

A. 1/2　　B. 1/3　　C. 2/3　　D. 3/4

3. 网络计划中的虚工作（　　）。

A. 既消耗时间，又消耗资源　　B. 只消耗时间，不消耗资源

C. 既不消耗时间，也不消耗资源　　D. 不消耗时间，只消耗资源

4. 由一个机械同时完成开挖、运输、卸土任务的有（　　）。

A. 斗轮式挖掘机　　B. 采砂船、推土机　　C. 铲运车、推土机　　D. 拉铲、索铲

5. 浆砌石拱顶预留拱度约为拱跨度的（　　）。

A. 1/200 ~ 1/300　　B. 1/400 ~ 1/800　　C. 1/500 ~ 1/900　　D. 1/600 ~ 1/1 200

6. 防渗墙清孔换浆要求孔底淤积厚度不大于（　　）。

A. 10 cm　　B. 20 cm　　C. 30 cm　　D. 40 cm

7. 水下岩塞爆破预留岩塞厚度一般为岩塞开口直径的(　　)倍。

A. 0.5 ~ 1.0　　B. 1.0 ~ 1.5　　C. 1.5 ~ 2.0　　D. 2.0 ~ 2.5

8. 关于钢筋冷加工下面说法正确的是(　　)。

A. 水工结构的非预应力可采用冷拉钢筋

B. 钢筋冷拉通常采用单控制冷拉法

C. 钢筋冷拔强度提高,塑性也提高

D. 钢筋冷加工后硬度提高,而塑性降低

9. 下列常用的工程炸药中,(　　)不适用于地下工程爆破。

A. TNT　　B. 胶质炸药　　C. 铵梯炸药　　D. 铵油炸药

10. 光面爆破的孔距小,同时起爆的作用主要是(　　)。

A. 邻孔聚能作用　　B. 形成平整开挖面　　C. 减少装药量　　D. 增大爆破效果

11. 在混凝土分层浇筑中,其分层厚度取决于(　　)。

A. 混凝土生产能力　　B. 振捣器工作深度

C. 混凝土初凝时间　　D. 混凝土的强度

12. 帷幕灌浆中,钻孔深度 40 m,钻孔的允许偏距为(　　)。

A. 0.2 m　　B. 0.8 m　　C. 1.0 m　　D. 1.2 m

13. 导流明渠的水面到基坑水面之间的最短距离应大于(　　)倍的明渠水面与基坑水面之差。

A. 1.5 ~ 2.5　　B. 2.5 ~ 3.0　　C. 3.0 ~ 5.0　　D. 5.0 ~ 7.0

14. 通常运距小于 10 km,运输能力高,设备通用性强,目前国内外土石坝施工普遍采用的挖运方案为(　　)。

A. 采砂船挖装,机车运输,胶带机转运上坝

B. 挖掘机挖装,自卸汽车运输上坝

C. 挖掘机挖装,胶带机运输上坝

D. 斗轮式挖掘机挖装,胶带机运输上坝

15. 挖掘机装满一车斗数的合理范围为(　　)。

A. 1 ~ 3　　B. 3 ~ 6　　C. 5 ~ 7　　D. 7 ~ 9

16. 加冰拌和混凝土时,规范规定加冰量不大于拌和水量的(　　)。

A. 50%　　B. 60%　　C. 70%　　D. 80%

17. 对于模板,下列说法正确的是(　　)。

A. 胶合板较木模板具有变形小,吸水少,保温性好等优点,所以水利工程目前广泛采用胶合板替代木模板

B. 固定式模板在水利工程中运用最广

C. 滑动式模板广泛用于隧洞、涵管、渠道等现浇混凝土衬砌施工中

D. 侧面模板主要承受风压力

18. 目前我国大体积混凝土浇筑常采用的方法是(　　)。

A. 纵缝法　　B. 斜缝法　　C. 错缝法　　D. 通仓浇筑法

19. 双代号网络图中,节点表示(　　)。
A. 工作　B. 逻辑关系　C. 时间消耗
D. 工作的开始或结束
20. 隧洞回填灌浆(　　)d 后可进行固结灌浆。
A. 1　B. 3　C. 5　D. 7

## 二、多项选择题(每小题 3 分,共 30 分)

1. 影响土料压实的因素有(　　)。
A. 土料的含水量　B. 压实机械所做的功
C. 铺土厚度　D. 压实遍数
E. 颗粒级配
2. 钢管脚手架的杆件有(　　)。
A. 立杆　B. 大横杆
C. 小横杆　D. 剪刀撑
E. 斜撑
3. 预裂爆破的机理有(　　)。
A. 炮孔间距比一般爆破炮孔间距小　B. 线装药较小
C. 孔径大于一般爆破孔径　D. 炮孔用同时起爆
E. 不耦合装药
4. 模板拆除的程序是(　　)。
A. 先装的后拆　B. 后装的先拆
C. 梁的模板先拆侧模后拆底模　D. 混凝土表面质量要求高的先拆
E. 先拆承重模板后拆非承重模板
5. 施工缝的处理方法有(　　)。
A. 冲毛　B. 凿毛
C. 刷毛　D. 喷毛
E. 拉毛
6. 土坝劈裂灌浆施工的基本要求是(　　)。
A. 土坝分段,区别对待　B. 单排布孔,分序钻灌
C. 孔底注浆,全孔灌注　D. 综合控制,少灌多复
E. 孔口注浆,分段灌注
7. 土石坝用临时断面挡水应注意的问题是(　　)。
A. 在拦洪高程以上顶部应有足够宽,有抢筑子堰的余地
B. 临时断面的边坡保证稳定
C. 斜墙坝一般允许采用临时断面
D. 均质坝不允许采用临时断面
E. 可考虑降低溢洪道高程、设置临时溢洪道并用临时断面挡水

8. 以下哪些是底孔导流的缺点。(　　)

A. 钢材用量增加　　B. 封堵质量会影响坝体整体性

C. 可能被堵塞　　D. 挡水建筑物上部施工受水流干扰

E. 对均衡连续施工不利

9. 施工方案的主要内容包括(　　)。

A. 施工方法　　B. 施工机械

C. 施工场地　　D. 施工工艺流程

E. 施工进度

10. 地下建筑工程施工的主要工作有(　　)。

A. 开挖、出渣　　B. 临时支撑

C. 衬砌　　D. 灌浆

E. 支护

## 三、计算题(共40分)

1. 已知砂砾开挖强度为4 966.25 $m^3/d$。用1 $m^3$ 正铲挖土,10 t 自卸汽车运土。正铲挖装土的循环时间为26 s,土斗的充盈系数为1,土的松散影响系数为0.75。求所需挖掘机的台数。(10分)

2. 混凝土重力坝施工,初期导流采用分段围堰法,第一期先围右岸河床,左岸河床泄流。设计洪水流量为1 360 $m^3/s$,相应的过水深度为5.0 m,过水断面平均宽度为180 m,行近流速为0.18 m/s,验算河床束窄后的流速能否满足通航要求。围堰属Ⅲ级,求纵向围堰近首、末段的高度。上、下游波浪高度分别为1.0 m、0.6 m。(10分)

3. 某工程各工序之间的逻辑关系如表13-3所示,据此绘制的网络图如图13-2所示。(20分)

表13-3　某工程各工序逻辑关系和延续时间

| 工作名称 | A | B | C | D | E | F |
|---|---|---|---|---|---|---|
| 紧前工作 | — | — | A F | A F | C D | B |
| 持续时间 | 5 | 2 | 3 | 4 | 2 | 1 |

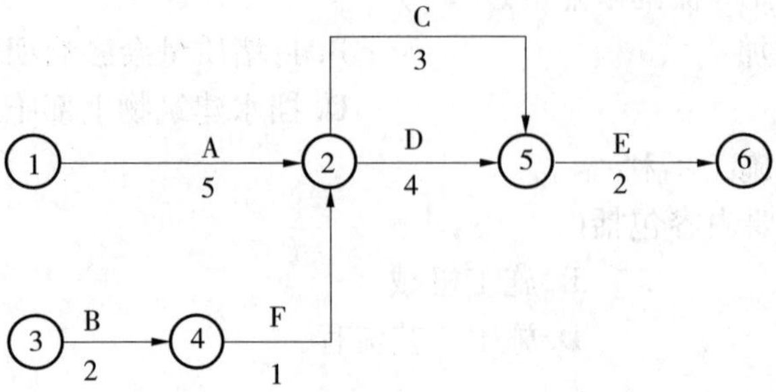


图 13-2 某工程双代号施工网络计划

问题：

(1)改正图中的错误。

(2)在图上计算各工作的时间参数。

(3)在第 3 天检查计划时，发现 A 已完成 4 d 的工作，B 已工作 1 d，分析计划执行情况。检查目前情况会不会影响总工期。

## 综合测试题五

一、名词解释（每题 4 分，共 20 分）

1. 水利工程：

2. 水利工程施工：

3. 有限介质爆破：

4. 施工导流：

5. 施工组织设计：

二、填空题(每题2分,共40分)

1. 水利工程施工的组织与管理应按________、________、________、________、________的原则进行。

2. 干填碾压式堤坝施工内容一般包括________、________、________、________作业。

3. 广义的土分________级,其中________级为土质土。

4. 炸药包按其外形不同分为________、________药包。

5. 爆破常用的起爆方法有________、________、________、________起爆等。

6. 钢筋加工内容一般包括________、________、________、________、________等。

7. 混凝土拌和楼一般由________、________、________、________、________等组成。

8. 混凝土浇筑施工的工艺流程包括________、________、________、________。

9. 混凝土施工缝的处理常用________、________、________、________等方法。

10. 土坝坝面施工的基本程序是________、________、________、________、________等。

11. 安排混凝土水闸闸室施工顺序时一般应按照________、________、________、________的原则进行。

12. 爆破开挖隧洞的施工基本顺序是________、________、________、________、________、________、________、________、________等。

13. 隧洞钻爆的设计任务是________、________、________。

14. 隧洞衬砌的作用有________、________、________、________。

15. 施工导流一般采取________、________的导流方法。

16. 施工截流一般包括________、________、________、________等步骤。

17. 施工截流通常采用________、________的截流方法。

18. 施工组织设计的基本任务有________、________、________等。

19. 双代号网络图的基本要素包括________、________、________、________。

20. 按照目的不同,工程灌浆主要分为________、________、________、________、________等。

三、多项选择题(本题有一个以上正确答案,多选或错选均不得分,每小题2分,共10分)

1. 导流方式分类是依据(　　)。

A. 围堰拦断主河床的方式　　B. 泄水建筑物类型

C. 导流设计流量　　D. 施工进度

2. 混凝土生产的主要程序有(　　)。

A. 储料　　B. 供料　　C. 配料和拌和　　D. 运输

3. 地基锚固按结构型式分为(　　)。

A. 预应力锚索锚固　B. 集中系统锚固　C. 锚洞锚固　D. 锚桩锚固

4. 施工岩基开挖施工应注意的问题有(　　)。

A. 合理安排开挖程序,保证施工安全

B. 及时组织排水,确保开挖工作正常进行

C. 正确选择开挖方法,保证地基开挖质量

D. 全面正确规划石渣运输、堆放,充分合理利用开挖的土石方

5. 按照《水工混凝土施工规范》(DL/T 5144—2001)规定凡工程所在地区,气温处于下述规定范围,即进入低温季节施工时间:(　　)。

A. 寒冷地区的日平均气温,稳定在 5 ℃以下或最低气温稳定在 -3 ℃以下时

B. 寒冷地区当日平均气温 -10 ℃以下时

C. 温和地区的日平均气温稳定在 3 ℃以下时

D. 温和地区的日平均气温稳定在 0 ℃以下时

## 四、论述题(每题 6 分,共 30 分)

1. 试述预裂爆破的基本机理。

2. 试述混凝土浇筑中对施工缝进行处理的目的。

3. 试述岩基上固结灌浆与帷幕灌浆的区别。

4. 挖掘机的装车斗数 $m$ 值过大或者过小分别说明什么问题,如何处理?

5. 试述网络图中工作的基本特征。

## 综合测试题六

一、多项选择题(每题 2 分,共 24 分)

1. 全段围堰法导流又称为(　　)。
   A. 河床外导流　B. 河床内导流
   C. 一次拦断法导流　D. 分期围堰法导流
   E. 分段导流
2. 初期排水排水量估算主要包括(　　)。
   A. 基坑积水　B. 围堰与基坑渗水
   C. 降水　D. 填方和基础中的饱和水
   E. 岩层冲洗及混凝土养护废水
3. 选择挖掘机械的因素有(　　)。
   A. 从实际情况出发,可以取得的机械　B. 按开挖材料的性质选择
   C. 开挖土料时,掌子面的高度　D. 开挖机械和运输机械的配套
4. 填筑面作业主要内容是(　　)。
   A. 铺料和平料　B. 土料的压实　C. 质检和刨毛　D. 洒水
5. 压实参数时影响土料压实的主要因素是指(　　)。
   A. 干密度　B. 相对密度　C. 铺土厚度　D. 碾压遍数
6. 浅孔爆破炮孔布置的主要参数有(　　)
   A. 炮孔间距及排距　B. 炮孔直径　C. 最小抵抗线　E. 炮孔深度
7. 混凝土浇筑的方法有(　　)。
   A. 通仓薄层浇筑法　B. 平层浇筑法　C. 阶梯浇筑法　D. 斜层浇筑法
8. 混凝土垂直运输设备有(　　)。
   A. 缆机　B. 皮带机　C. 门塔机　D. 履带式起重机
9. 槽身预制的方法有(　　)。
   A. 现浇　B. 整体预制　C. 分块预制　D. 分层预制
10. 岩基灌浆按目的分类可分为(　　)。
    A. 化学灌浆　B. 帷幕灌浆　C. 固结灌浆　D. 接触灌浆
11. 网络计划图的三个基本要素是(　　)。
    A. 项目　B. 主要矛盾线
    C. 事件　D. 节点

E. 路线

12. 施工企业的计划管理,按计划管理期限不同分为(　　)。

A. 年度计划　　B. 长期计划

C. 中期计划　　D. 专业计划

E. 短期计划

## 二、名词解释(每题 4 分,共 24 分)

1. 导流时段:

2. 自然方:

3. 流水作业:

4. 爆破漏斗:

5. 施工缝:

6. 基本建设程序:

## 三、问答题(每题 5 分,共 30 分)

1. 影响导流方式选择的因素很多,为什么可以根据河谷形状系数和导流流量选择混凝土坝枢纽的导流方式?

2. 土石坝施工有哪些特点?

3. 绘出钢筋加工工艺的流程图。

4. 在混凝土浇筑前,应怎样对施工缝进行处理?

5. 灌浆施工的主要程序是什么?

6. 编制施工进度计划和施工总布置必须遵循哪些原则?

## 四、论述题(1 题 12 分,2 题 10 分,共 22 分)

1. 论述过水围堰、低水围堰与全年挡水围堰三者之间的主要区别。

2. 试述施工总布置的编制方法和步骤。

# 参考答案

## 第一单元　土方工程

(一)名词解释(略)

(二)填空题

1. 自然方　松方　压实方
2. 挖掘机　铲运机械
3. 正向铲　反向铲　拉铲　抓铲
4. 轮胎自行式　履带拖拉机
5. 无轨运输　有轨运输　带式运输　索道运输
6. 挖　装　运　连续作业
7. 车箱容量　装车机械的斗容量
8. 填筑部位　土料性质　压实机械的类型
9. 羊足　滚筒　支撑滚筒的框架　联接拖拉机的杠辕
10. 填筑土料的铺土厚度　碾压遍数　压实土料的最优含水量

(三)多项选择题

1. AD　2. BCD　3. BCD　4. ABCD　5. ABC　6. ACD　7. ABC

(四)简答题(略)

(五)论述题(略)

## 第二单元　砌筑工程

(一)名词解释

1. 干砌石:砌石是指不用任何胶凝材料把石块砌筑起来,包括干砌块(片)石、干砌卵石。

2. 胶凝材料:依靠自身的物理化学反应将各类材料聚合在一块的材料。

3. 水化反应:有水泥和水发生的物理化学反应,称为水化反应。

4. 挡土墙:为防止路基土或者山坡土体坍塌而修筑的承受土体侧压力的墙式构造物。

(二)填空题

1. 片石　细料石　粗料石　块石和卵石
2. 砌筑砂浆　勾缝砂浆
3. 1/10~1/8　受压
4. 错开
5. 干砌块石　干砌卵石
6. 摩擦力
7. 平　稳　满　错

(三)单项选择题

1. D　2. A　3. A　4. D　5. A　6. A

(四)多项选择题

1. ABCD　2. ABC　3. ABCD　4. ABC

(五)简答题(略)

(六)论述题(略)

## 第三单元　钢筋混凝土工程

(一)名词解释(略)

(二)填空题

1. 成型　支承　保护　改善

2. 级配的要求

3. 关键

4. 抗拉和冷弯

5. 电弧焊　对焊

6. 2 m

7. 结晶体及胶质　强度

(三)多项选择题

1. ABCD　2. ABC　3. AC　4. ACD　5. BCD　6. AC　7. ABC　8. ABC

(四)简答题(略)

(五)论述题(略)

## 第四单元　爆破工程

(一)名词解释(略)

(二)填空题

1. 爆破材料　起爆方法　爆破方法

2. 黑火药　铵梯炸药　铵油炸药　浆状炸药　胶质炸药　TNT

3. 集中药包　延长药包

4. 导火索　导电线　导爆索　导爆管

5. 串联网路　并联网路　串并联网路　并串联网路

6. 裸露爆破法　浅孔爆破法　深孔爆破法　药壶爆破法　硐室爆破法

7. 定向爆破　抛掷爆破　扬弃爆破　松动和崩塌爆破

8. 线装药密度　炮孔间距　不耦合系数;预裂孔下的开裂深度　预裂缝两端开裂长度　预裂缝与主爆区最后一排的距离

(三)多项选择题

1. CD　2. AD　3. ABC　4. ABD　5. ACD　6. BCD

(四)简答题(略)

(五)论述题(略)

## 第五单元　基础工程

(一)名词解释(略)

(二)填空题

1. 根本　隐蔽工程

2. 分层开挖

3. 地基　关键

4. 坝体混凝土　地基　坝体　地基的固结强度

(三)多项选择题

1. ABCD　2. BCD　3. BCD　4. ABCD　5. ABCD

(四)简答题(略)

(五)论述题（略）

## 第六单元　施工导流与截流

一、填空题

1. 分段围堰法　全段围堰法

2. 束窄的原河床　底孔　坝体缺口　明槽

3. 横向围堰　纵向围堰

4. 拱形混凝土围堰　重力式混凝土围堰

5. 抛石或柴排护底　上下游转角初设置导流墙

6. 河流的水文特征　水工建筑物的布置和形式　导流方式　施工进度

7. 戗堤进占　龙口部位的护底与裹头　合龙　闭气

8. 立堵法　平堵法

9. 降低溢洪道高程　设置临时溢洪道　用临时断面挡水　临时坝面保护措施过水

10. 基坑开挖前的初期排水　基坑开挖及建筑物施工过程的经常性排水　围堰与基坑的渗水　降水　地基岩石冲洗　混凝土养护用弃水

11. 管井法　井点法

(二)单项选择题

1. A　2. B　3. A　4. B　5. A　6. A　7. D　8. B　9. B　10. C　11. D　12. B　13. C　14. A　15. C　16. B　17. D　18. A

(三)判断题

1. √　2. ×　3. √　4. ×　5. √　6. ×　7. √

(四)问答题(略)

## 第七单元　碾压式土石坝施工

(一)填空题

1. 空间　时间　质量　数量

2. 算方上料　定点卸料　随卸随平　定机定人　铺平把关　插杆检查

3. 防冻　保温　加热

4. 雨前将铺土压成光面　坝面向外筑成缓坡以利排水　来不及压实的松土用帆布或塑料布覆盖

5. 准备作业　基本作业　辅助作业　附加作业

(二)单项选择题

1. A　2. B　3. B　4. B

(三)问答题(略)

(四)计算题

开挖强度 $Q_c=\dfrac{4\ 922}{0.98\times0.95}\times\dfrac{1.65}{1.35}=6\ 461.63(m^3/d)$

运输强度 $Q_r=\dfrac{4\ 922}{0.98}\times\dfrac{1.65}{1.28}=6\ 474.25(m^3/d)$

## 第八单元　混凝土坝施工

(一)填空题

1. 增大运输能力　将平层浇筑法改变为斜层或阶梯浇筑法

2. 温升期　冷却期　稳定期

3. 表面裂缝　贯穿裂缝(深层裂缝)

4. 防止产生温度裂缝　将坝体温度迅速降到灌浆温度

5. 纵缝法　斜缝法　错缝法　通仓浇筑法

(二)单项选择题

1. B　2. B　3. B　4. B　5. B　6. C　7. D　8. B

(三)判断题

1. ×　2. √　3. √　4. √

(四)问答题(略)

(五)计算题

1. 混凝土浇筑月、日、小时不均匀系数分别取 1.1、1.1、1.2,月工作日数取 25 d,工作小时数取 20 h,则浇筑能力 $P=\dfrac{16\ 530}{25\times20}\times1.1\times1.1\times1.2=48(m^3/h)$。

运输延误系数取 0.85,则纵缝间距 $L$ 为

$$L=\frac{0.85\times(2.5-0.5)\times48}{16\times0.35}=14.57(m)$$

2. 设碾压层厚度为 $h$,运输延误系数取 0.85,则 $79.8=\dfrac{16\times24\times h}{0.85\times(2.5-0.5)}$,求出 $h=0.35$。

振动碾行速取 1 000 m/h,叠压宽度取 0.2 m,时间利用系数取 0.85,则振动碾的生产率为

$$P=\frac{(2.032-0.2)\times 1\,000\times 0.35}{10}\times 0.85=54.5(\mathrm{m^3/h})$$

所需振动碾台数 $N=\frac{79.8}{54.5}=1.46$,取 2 台

## 第九单元　地下建筑工程施工

(一)填空题

1. 专进法　并进法

2. 上导洞　下导洞　中导洞　双侧导洞　上下导洞

3. 先底拱(底板)　后边拱(边墙)和顶拱　先顶拱、后边拱(边墙)和底拱(底板)　先边拱(边墙)和顶拱,最后底拱(底板)

4. 掏槽孔　崩落孔　周边孔

5. 4 h　6 h　8 h

6. 50 mm　100 mm

7. 自然通风　机械通风

8. 现浇　预填骨料压浆　预制安装

9. 喷混凝土支护　锚杆支护　喷混凝土锚杆支护　喷混凝土锚杆钢筋网支护

(二)单项选择题

1. B　2. C　3. B　4. D　5. B　6. B　7. C　8. B　9. B　10. A　11. C　12. C　13. B　14. B　15. C

(三)判断题

1. √　2. ×　3. ×　4. √　5. ×　6. √　7. √　8. √

(四)问答题(略)

## 第十单元　水闸施工

(一)填空题

1. 混凝土拌和站的实际生产能力

2. 先浇混凝土后装填料　先装填料后浇混凝土

3. 水平止水　垂直止水　垂直止水

(二)单项选择题

1. D　2. D　3. C　4. C　5. A　6. B

(三)判断题

1. √　2. ×

(四)问答题(略)

## 第十一单元　施工组织设计

(一)名词解释(略)

(二)填空题

1. 施工总进度　施工总布置　技术供应

2. 材料供应计划　施工机械设备供应计划

3. 总进度计划　单项工程进度计划　施工作业计划

4. 关键线路法　计划评审技术　随机评审技术

5. 集中　分散　混合

(三)单项选择题

1. A　2. B　3. C　4. B　5. A　6. B　7. A　8. A　9. B　10. C

(四)多项选择题(错选、少选、多选、不选均不得分)

1. BCD　2. ACE

(五)简答题(略)

(六)论述题(略)

(七)计算题(略)

## 第十三单元　综合测试题

### 综合测试题一

一、单项选择题

1. B　2. A　3. C　4. A　5. A　6. A　7. B　8. A　9. B　10. B　11. B　12. B　13. B　14. A　15. A　16. A　17. B　18. C　19. A　20. C

二、多项选择题

1. ABCD　2. AD　3. ABC　4. ACDE　5. ABC　6. AC　7. ABC　8. ABCD　9. ACD　10. AC

三、名词解释

1. 围堰:围护建筑物基坑以利干地施工的临时性挡水建筑物。

2. 冷缝:上下两层混凝土浇筑的时间间隔如果超过初凝时间,便产生冷缝。冷缝造成两层之间的抗拉、抗剪及防渗性能减弱,混凝土浇筑不允许产生冷缝。

3. 灌浆:用压力将某种具有流动性并能固结的浆液注入介质的孔隙或裂缝中去,固结后提高和改善其物理力学性能。

4. 关键线路:各工序延续时间之和最长的线路。

5. 土的可松性:自然状态土压实后变松散的性质。

四、问答题(略)

五、计算题

1. 正铲每分钟循环作业次数 $n=\dfrac{60}{26}=2.3$ 次

土斗的充盈系数取为 $K_H=1$,时间利用系数 $K_B=0.85$,联合作业延误系数 $K_t=0.9$,土料的松散影响系数 $K_P=0.75$。故正铲的生产率为

$$P_{铲}=60\times1\times2.3\times2.3\times1\times0.75\times0.85\times0.9=79.18(m^3/h)$$

每天按工作 21 h 计,所需正铲台数为 $N_{铲}=\dfrac{4\,966.25}{21\times79.8}=2.99$,取 3 台

2. 该网络计划共有四条工作线路，其计算工期分别为

A→C→D→F ，20 d

A→E→F，19 d

A→E→H，22 d

B→G→H，19 d

其中，关键线路为 1－2－5－7－8，关键工作为 A、E、H。

该网络图的时间参数如图 13-3 所示。

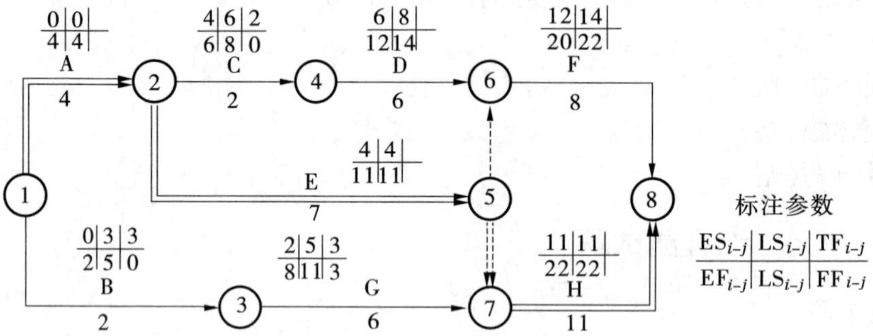


图 13-3

**综合测试题二**

一、名词解释

1. 自然堆积状态土壤的侧表面与水平面的夹角。

2. 炸药在有限介质中爆炸时，整个被影响的范围。

3. 新老混凝土之间的结合缝。

4. 研究施工条件、选择施工方案、对工程全过程实施组织和管理的指导性文件，是编制工程投资估算、设计概算和招投标文件的主要依据。

5. 导流设计的洪水频率标准。

二、填空题

1. 压实遍数　铺土厚度　含水量

2. 爆破漏斗半径　最小抵抗线

3. 临空面

4. 支撑　成型　保护

5. 一次升压法　逐级加压法

6. 进占　裹头　合龙　闭气

7. 管井法　井点法

8. 入仓铺料　平仓　振捣

9. 面积　体积　高度

10. 时间

三、选择题

1. C　2. A　3. B　4. B　5. A

四、问答题

1. 使混凝土密实,并使混凝土与模板、钢筋及预埋件紧密结合,从而保证混凝土的最大密实性。混凝土表面不再显著下沉,不出现气泡,表面泛浆。

2. 不同导流时段所采用的不同导流方法的组合。

(1)水文　气象

(2)地形

(3)地质与水文地质

(4)水工建筑物的结构特征和枢纽布置

(5)施工进度　施工方法　施工场地布置

(6)河流的综合利用

3. (1)根据工序数目将坝面划分成相应区段,组织各工种专业队依次进入所划分的区段进行施工

(2)工作段数与工序数相等

(3)A、合并某些工序,以减少工序数目 B 、缩短流水单位时间,以增大流水工段数,使工作段数与工序数相等。

4. (1)收集基本资料

(2)列出工程项目

(3)计算工程量和延续时间

(4)分析确定项目之间的逻辑关系

(5)初拟施工进度

(6)优化、调整和修改

(7)提出施工进度成果

在各条目下再详述,此略。

五、计算题

1. 该工程的双代号网络计划如图 13-4 所示。

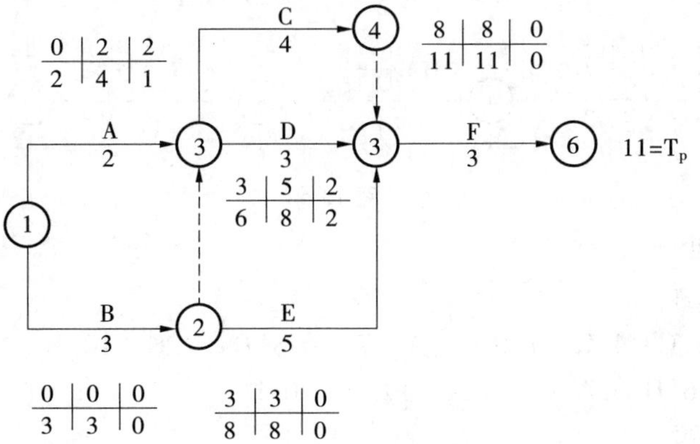


图 13-4

2. 时间参数及工期标注在网络图上。

3. 关键线路由工作 B、E、F 组成。

**综合测试题三**

一、单项选择题

1. B　2. A　3. C　4. A　5. D　6. A　7. D　8. C　9. D　10. D

二、多项选择题

1. ABCD　2. ACD　3. ABCD　4. ABC　5. ABCD　6. ABCDE　7. ABCE　8. AC　9. ABCDE　10. ABC

三、问答题(略)

四、计算题

1. 解:(1)基槽开挖方量为

$1.3 \times 0.33 = 0.43(m)$

$(2 + 0.43) \times 1.3 \times (750 + 0.43) = 2\ 370.61(m^3)$(自然方)

(2)回填土方量计算

$[(2\ 370.61 - 1\ 000) \times 1.2]/1.05 = 1\ 566.41(m^3)$(松方)

(3)余土运量

$2\ 370.61 \times 1.2 - 1\ 566.41 = 1\ 278.32(m^3)$(松方)

(4)运输时间

$1278.32/(3 \times 8) = 53.25$(天),取 54 天

2. A 已完工,B 已工作 1 天导致后续工作拖后三天,C 已工作 1 天故其后续工作拖后两天,G 工作拖后两天,D 工作拖后三天, H 工作拖后三天,J 工作拖后一天,因 B 工作在关键线路上故总工期拖后三天,E、I、K 都拖后三天,见图 13-5。

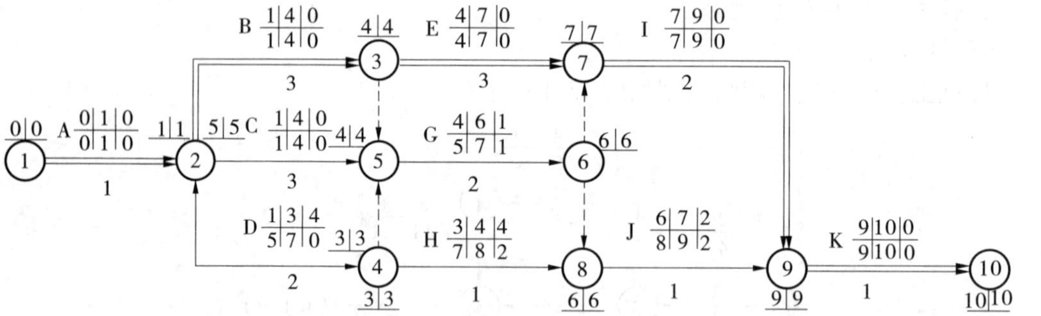

图 13-5

**综合测试题四**

一、单项选择题

1. A　2. A　3. C　4. C　5. B　6. A　7. B　8. D　9. C　10. B　11. B　12. B　13. B　14. B　15. B　16. D　17. A　18. A　19. D　20. D

二、多项选择题

1. ACDE　2. ABCDE　3. ABDE　4. ABC　5. ABCD　6. ABCD　7. ABCE

8. ABC　9. ABE　10. ABCDE

三、计算题

1. 解：正铲每分钟循环作业次数 $n=\frac{60}{26}=2.3$（次）

土斗的充盈系数取为 $K_H=1$，时间利用系数 $K_B=0.85$，联合作业延误系数 $K_t=0.9$，土料的松散影响系数 $K_P=0.75$。故正铲的生产率为

$$P_{铲}=60\times1\times2.3\times2.3\times1\times0.75\times0.85\times0.9=79.18(m^3/h)$$

每天按工作 21 h 计，所需正铲台数为 $N_{铲}=\frac{4\ 966.25}{21\times79.18}=2.99$，取 3 台

2. 解：平均流速 $v=13\ 600/(180\times50)=1.51<2$ m/s，满足通航要求。

Ⅲ级混凝土围堰的安全超高为 0.4 m。流速系数取 0.80。

进口处水位落差为 $1.51^2/(2g\times0.80^2)-0.18^2/2g=0.18$(m)

纵向围堰首端高度：$5.0+0.18+0.4+1.0=6.58$(m)

纵向围堰末段高度：$5.0+0.4+0.6=6.0$(m)

3. 解：第 3 天检查计划时，发现 A 已完成 4 天的工作，B 已工作 1 天，则 A 工作超前一天，B 工作落后两天，因 B 工作在关键线路上故总工期拖后两天（见图 13-6）

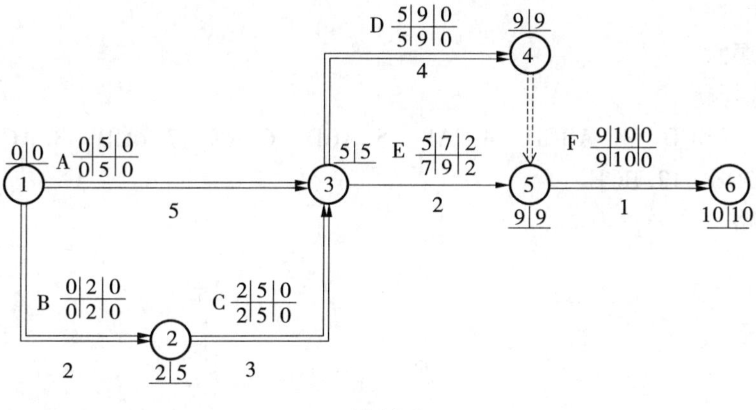


图 13-6

**综合测试题五**

一、名词解释（略）

二、填空题

1. 多快好省地施工　按基本建设程序办事　按系统工程原理组织施工　实行科学管理　一切从实际出发

2. 准备　基本　辅助　附加

3. 16　1 ~ 4

4. 延长　集中

5. 火花　电力　导爆索　导爆管

6. 冷加工　调直　剪切　弯曲　焊接

7. 进料层　存料层　配料层　拌和层　出料层

8. 仓面准备　入仓铺料　平仓振捣　成品养护

9. 凿毛　刷毛　风沙枪喷毛　高压水冲毛　界面涂刷处理剂

10. 铺土　平土　洒水或凉晒　压实　刨毛　质量检查

11. 先深后浅　先重后轻　先主后次　穿插进行

12. 钻孔　装药　爆破　烟尘疏散　爆破检查　险情处理　出渣　支撑衬砌　回填灌浆　固结灌浆

13. 确定开挖断面炮眼的布置　确定装药方式　确定起爆方法

14. 承受荷载　防止渗漏　减小糙率　防止冲蚀

15. 全段围堰　分段围堰

16. 进占　裹头　合龙　闭气

17. 平堵　立堵

18. 拟订总体布置方案　订方案订计划　施工组织落实

19. 工作　节点　路线　逻辑关系

20. 固结灌浆　帷幕灌浆　接触灌浆　裂缝灌浆　回填灌浆

三、多项选择题

1. AB　2. ABC　3. ACD　4. ABCD　5. AC

四、论述题(略)

**综合测试题六**

一、多项选择题

1. AC　2. ABCD　3. ABCD　4. AB　5. ACD　6. AE　7. BCD　8. ACD　9. BC　10. BCD　11. CDE　12. BCE

其余各题略。